浙江省普通高校"十三五"新形态教材

U0269715

Photoshop 商业项目实战

王英彦　全秋燕　周晓莺　主编

陈　静　潘丽娇　曾　瑞　程亚维　副主编

电子工业出版社

Publishing House of Electronics Industry

北京·BEIJING

内 容 简 介

Photoshop 是当今流行的图像处理软件，广泛应用于平面设计领域。本书共分 7 章，第 1 章介绍平面设计的基本概念，第 2～7 章讲解了常见的商业项目，在各项目中融入了版式设计、色彩搭配、构图、光影等知识，每章都结合学习内容选择优秀的作品进行赏析，并设置了拓展案例以提升技能。将项目同理论性、知识性和使用性充分融合在一起，使作品效果清晰明确，具有很强的说服力。

本书可作为高校计算机类专业课程的教材，也可以供 Photoshop 初学者及有一定平面设计经验的读者阅读，同时也适合供培训班选作平面设计课程的教材。

未经许可，不得以任何方式复制或抄袭本书之部分或全部内容。

版权所有，侵权必究。

图书在版编目（CIP）数据

Photoshop商业项目实战 / 王英彦, 全秋燕, 周晓莺主编. -- 北京：电子工业出版社, 2021.6（2023.7重印）

ISBN 978-7-121-41346-9

Ⅰ. ①P… Ⅱ. ①王… ②全… ③周… Ⅲ. ①图像处理软件 Ⅳ. ①TP391.413

中国版本图书馆CIP数据核字（2021）第116135号

责任编辑：康　静

印　　刷：北京捷迅佳彩印刷有限公司

装　　订：北京捷迅佳彩印刷有限公司

出版发行：电子工业出版社

　　　　　北京市海淀区万寿路173信箱　　邮编：100036

开　　本：787×1092　　1/16　　印张：12.75　　字数：323.2千字

版　　次：2021年6月第1版

印　　次：2023年7月第4次印刷

定　　价：54.00元

凡所购买电子工业出版社图书有缺损问题，请向购买书店调换。若书店售缺，请与本社发行部联系，联系及邮购电话：（010）88254888，88258888。

质量投诉请发邮件至zlts@phei.com.cn，盗版侵权举报请发邮件至dbqq@phei.com.cn。

本书咨询联系方式：（010）88254609或hzh@phei.com.cn。

前言
PREFACE

本书采用图形图像处理软件 Photoshop CC 为软件支撑，项目设置以服务地方电子商务、展会为背景，包括产品修图、电商 Banner 设计、宣传单设计、易拉宝展架设计等主要项目，其中又包括多个相关的子项目。本书理论讲解详细，案例丰富，实践性和实用性强，可作为高校计算机类和电子商务类专业的教材。

本书按照"项目知识点解析—优秀案例赏析—项目设计—项目拓展"这个思路进行编排，力求通过项目设计和项目实现：学生能够快速上手，熟练掌握软件操作，同时了解项目设计思路；通过项目知识点解析及优秀案例赏析模块，拓展学生理论知识，使理论和实践无缝链接，让学生不仅懂技术，还能掌握一定的设计理念。在项目的选取上，强调完整性、针对性和实用性。通过项目制作，学生可以感受一个完整项目的制作过程，项目拓展对学生技术上的拓展和提升将有所帮助。

本书详细讲解了案例制作的流程，并在此过程中融入了实践经验及相关知识，步骤清晰准确；通过课内练习和课后拓展，学生可在掌握软件功能和制作技巧的基础上，启发设计灵感，开拓设计思路，提高设计能力。

全书共分 7 章，其中第 1、2 章由王英彦编写，第 3 章由程亚维编写，第 4 章由周晓莺编写，第 5 章由陈静编写，第 6 章由全秋燕编写，第 7 章由潘丽娇编写。

书中难免存在不足与疏漏，为使本书更加完美和专业，衷心希望接触到本书的教师与学生、专家与学者给予批评指正，以便今后修订完善。

编　者

目 录
CONTENTS

第 5 章　电商 Banner 制作 ······· 107

第 6 章　海报设计 ················ 143

第 7 章　DM 宣传单设计 ········· 165

第 *1* 章

概　述

⚙ 学习目标

- 了解图像处理基础知识，能够掌握图像处理的基本概念。
- 熟悉平面设计的基本流程。

1.1 Photoshop 的用途

1. 平面设计

Photoshop 应用最广泛的一个领域就是平面设计，包括广告、书籍封面、海报、Banner 等作品都需要经过 Photoshop 软件对图像进行处理，使版面设计得以实现，它是利用视觉效果进行沟通和传达信息的一种方式。

平面设计作品如图 1-1 和图 1-2 所示。

图 1-1　海报

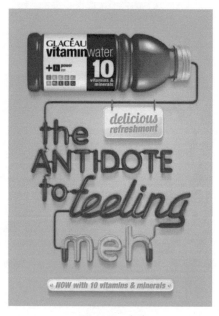

图 1-2　广告

2. UI 设计

UI 设计是比较热门的行业之一，通过 Photoshop 完成界面设计，实现人机交互、操作逻辑、界面美观的效果，包括 App 设计、智能佩戴电子设备（如 iWatch，手环）、取款机等一切用户和界面产生互动的平台的设计。UI 设计作品如图 1-3 和图 1-4 所示。

图1-3 UI按钮

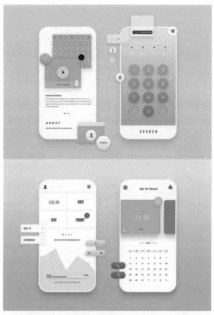

图1-4 UI界面

3. 网页界面设计

网页以网络为传播载体，达到宣传和广而告之的作用。网页界面设计的对象包含企业网站、专题页面、淘宝页面、互动页面、用户界面等。随着互联网的广泛应用，大到企业公司，小到快餐店等都需要网页界面设计。目前进行网页界面设计时绝大多数设计者使用的是 Photoshop 软件。网页界面设计作品如图1-5和图1-6所示。

图1-5 企业网站界面

图 1-6 电商网页界面

4. 摄影与后期制作

摄影与后期制作对视觉要求比较高，通常需要通过 Photoshop 对拍摄的图像进行调整和修饰以达到满意的效果。摄影与后期制作作品如图 1-7 和图 1-8 所示。

图 1-7 摄影与后期制作作品（一）

图 1-8 摄影与后期制作作品（二）

计算机图形主要分为两类：位图和矢量图。Photoshop 是位图处理软件。

1. 位图

位图也称为点阵图（Bitmap Image），它是由许多点构成的，这些点称为像素（Pixel），像素是组成图像最小的信息单元。位图图像质量是由单位长度内像素的多少来决定的，单位长度内像素越高，分辨率越高，图像的品质也就越好，而文件就越大。由于位图是由一个一个像素点构成的，当图像放大时，像素点也就放大了，但每个像素点表示的颜色是单一的，所以在位图放大到一定的程度时图像就会失真，边缘会出现锯齿，如图 1-9 所示。

原图 放大后

图 1-9 位图放大前后对比

2. 矢量图

矢量图也称为向量式图形，用数学的矢量方式来记录图像内容。矢量图像最大的优点是矢量图形与分辨率无关，可以将它缩放到任意大小和以任意分辨率在输出设备上打印出来，都不会影响清晰度。矢量图图像效果如图 1-10 所示，使用放大工具后，可以清楚地看到放大后的图像还是很清晰的，如图 1-11 所示。

图 1-10 矢量图原图 图 1-11 放大后的矢量图

位图与矢量图之间的区别如下。

（1）失真：矢量图与分辨率无关，可以将它缩放到任意大小和以任意分辨率在输出设备上打印出来，都不会影响清晰度。而位图是由一个一个像素点产生的，当放大图像时，像素点也放大了，但每个像素点表示的颜色是单一的，所以在位图放大后就会出现平时所见到的马赛克现像。因此位图放大会失真，矢量图放大不会失真。

（2）色彩：位图表现的色彩比较丰富，可以表现色彩丰富的图像，也可逼真地表现自然界中的各类实物。而矢量图色彩不丰富，无法表现逼真的实物，常常用来表示标识、图标、Logo 等简单直接的图像。

（3）大小：由于位图表现的色彩比较丰富，所以占用的空间会很大，颜色信息越多，占用空间越大，图像越清晰。由于矢量图表现的图像颜色比较单一，所以占用的空间会很小。

（4）转换：经过软件处理，矢量图可以很轻松地转换为位图。而位图要想转换为矢量图必须经过复杂而庞大的数据处理，而且生成的矢量图质量也会较差。

3. 分辨率

图像分辨率是指单位长度中像素点的总数，单位为"像素 / 英寸"（dot per inch，dpi）。常见的分辨率有 72dpi 和 300dpi，其含义就是在 1inch 长度内有 72 个或 300 个像素点。由此可见，分辨率越高，单位长度内的像素越多，图像越清晰，文件越大，如图 1-12 所示。

图 1-12　分辨率对比

如何设置合适的分辨率？

（1）电子设备：电子杂志、PPT、网页等在计算机、投影仪、手机等设备上查看的图像，一般分辨率设置为 72dpi。

（2）喷绘：喷绘机使用的介质大多是广告布，一般最大幅宽是 3.2m，但是可以拼接成上百平方米的面积，多用于输出画面很大的户外广告、背景板等。推荐分辨率为 30 ～ 45dpi。

（3）写真：输出的画面较小，色彩比较饱和、清晰，常用于海报、灯箱、橱窗、X 展架等。分辨率一般不低于 72dpi，推荐分辨率为 120dpi。

（4）数码印刷：用于小批量的画册、海报、宣传单等，打印速度快，成像质量好，成品色彩鲜艳，是印刷打样的首选，但精度没有印刷那么高。推荐分辨率为 300dpi，最低为 200dpi。

（5）印刷：用于大批量的画册、海报、宣传单、包装等。分辨率基本要求达到 300dpi 或以上，才能保证印刷品丰富的细节与清晰度。

1.3 色彩模式

1. RGB 模式

RGB 是光的三原色，分别代表红色、绿色、蓝色，它们是无法通过其他颜色叠加生成的，但是通过在 Photoshop 里的图层混合模式滤色叠加 RGB 颜色可产生成千上万的颜色。RGB 模式广泛用于人们的生活中，如电视机、计算机显示屏、幻灯片等都采用这种加色混合方式。

RGB 是一种发光屏幕的加色模式，它们之间混合程度越高，颜色明度越高。R、G、B 三种成分的取值范围是 0 ～ 255。R、G、B 均为 255 时就合成了白色，R、G、B 均为 0 时就形成了黑色，当两色分别叠加时将得到不同的 C、M、Y 颜色。

2. CMYK 模式

CMYK 是颜料四原色，代表印刷图像时所用的青色、洋红色、黄色、黑色，每种颜色的取值范围是 0 ～ 100。

CMYK 是减色模式，越混合，颜色明度越暗。C、M、Y 这三种颜色混合可以产生黑色，但是由于印刷时含有杂质，因此不能产生真正的黑色而是土灰色，当土灰色与黑色油墨混合时才能得到真正的黑色。

RGB 颜色比 CMYK 颜色更加丰富，所以在进行印刷时 RGB 颜色不一定能正常印刷出来。同时，RGB 模式的图像文件比 CMYK 模式的图像文件要小得多，可以节省空间，因此，作品一般先存储为 RGB 模式，在印刷之前再进行颜色模式的转换，转换成 CMYK 模式。

3. HSB 模式

HSB 是色彩最基本的三要素，H 代表色相、S 代表饱和度、B 代表明度。

（1）色相：指色彩的相貌，是色彩之间彼此相互区别的特性，能够表示某种颜色的名称，如红、蓝、绿、黄、……色相不是通过百分比，而是以 0° ～ 360° 的角度来表示。它类似一个颜色环，颜色沿着环进行规律性的变化，因此有 12 色相环、24 色相环等。

（2）饱和度：表示图像颜色的鲜艳程度。饱和度高，色彩较艳丽；饱和度低，色彩就接近灰色。通俗地讲就是颜色的深浅，如红色可以分为深红、洋红、浅红等。白、黑和其他灰色色彩都没有饱和度。

（3）明度：也称为亮度，指各种颜色的明暗度，通俗地讲就是表示颜色的强度。明度高，色彩明亮；明度低，色彩暗淡。明度最高得到纯白，明度最低得到纯黑。

选取颜色时，先确定色相，再确定饱和度和明度。

Photoshop CC 支持的图像格式有很多，不同的图像格式有各自的优缺点，下面针对其中常用的图像格式进行讲解。

1. PSD 和 PDD 格式

PSD 和 PDD 格式是 Photoshop 软件默认的格式，能保存图层、通道、路径等信息，便于以后修改，缺点是保存文件比较大。

2. BMP 格式

BMP 格式是微软公司绘图软件的专用格式，是最常用的位图格式之一，包含的图像信息比较丰富，几乎不对图像进行压缩，所以其占用的磁盘空间较大，支持 RGB、索引、灰度和位图等颜色模式，但不支持 Alpha 通道。

3. JPEG 格式

JPEG 格式是一种压缩率很高的存储格式，是一种有损压缩方式。JPEG 格式也是目前网络可以支持的图像文件格式之一。

4. GIF 格式

GIF 格式是一种有损压缩格式，常用于网络传播，其传输要比传输其他格式的文件快很多，并且可以将多张图像保存成一个文件而形成动画效果。

5. PNG 格式

PNG 格式使用无损压缩方式压缩图像文件，并利用 Alpha 通道制作透明背景，是功能非常强大的网络文件格式。

6. TIFF 格式

TIFF 格式能够保存通道、图层和路径信息，它与 PSD 格式并没有太大区别。TIFF 是一种通用的位图文件格式，可以在不同的应用程序和不同的计算机平台之间交换文件。

7. EPS 格式

EPS 格式是标准 EPS 文件采用的一种特殊格式，支持 Alpha 通道。

8. PDF 格式

PDF 格式不支持 Alpha 通道。在存储前，必须将图片的模式转换为位图、灰度、索引等颜色模式，否则无法存储。

1.5 出血设置

出血指印刷时为保留版面文字、图案等有效内容的完整性或防止裁切出现白边而预留出边缘部分。一般设置的出血为 2 ~ 3mm。

在 Photoshop 中设置出血的方法如下。

（1）客户要求制作一个 90mm×50mm 的名片，名片上有背景色或花纹，根据需要设置 3mm 的出血，因此在新建文件时，页面设置为 96mm×56mm，如图 1-13 所示。

（2）执行"视图"→"新建参考版面"命令，在弹出的"新建参考线版面"对话框中设置"列"为 1，"行数"为 1，上下左右边距设为 0.3 厘米，如图 1-14 所示。单击"确定"按钮，在画布上出现了四条绿色的参考线，效果如图 1-15 所示。

图 1-13　新建文件

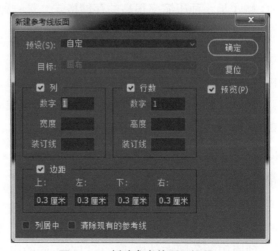

图 1-14　新建参考线版面设置

图 1-15 出血效果图

1.6 平面设计的工作流程

1. 双方沟通

设计师在接到设计任务后，首先要与客户及时沟通，了解客户的需求、企业背景、客户喜欢的作品风格等，完成分析，收集信息资料。

客户提出设计要求，明确具体的设计项目、材质应用及设计周期，提供相关文本以及图片资料。客户没有明确要求的要和相关公司人员核实。

2. 设计阶段

根据前期沟通的信息以及客户要求，进行市场调查、资料搜集、设计策划。

依据构想设计出项目的草稿并制作出样稿。将样稿提交给客户进行沟通讨论，根据需要补充或修改相关资料，修改完成后再提交给客户进行最终审核。

3. 修改完善

根据双方讨论的内容和修改意见，设计师根据客户比较满意的方案进行修改调整，进一步完善设计，并提交给客户，通过反复修改直到使客户满意为止，由客户签字确认。

第2章

商业名片设计

- 了解名片设计的基本常识,能够完成名片的设计与制作。
- 熟练掌握选区工具的使用,可以对选区进行编辑和修改。
- 掌握版式设计的基本原则,能根据需要美化排版设计效果。

2.1 名片设计基础知识

　　名片，又称卡片，是标示姓名及其所属组织、公司单位和联系方法的纸片。名片是新朋友互相认识、自我介绍的最快、最有效的方法。名片是一个人身份和成就的体现，也是文化和审美的表达。名片常常代表个人和企业的第一印象，甚至会对商业活动和交际行为的成败产生关键作用。在现代社会中，名片应用非常广泛，如图 2-1 和图 2-2 所示。

图 2-1　常见名片设计

图 2-2　异形名片设计

2.1.1 名片的作用

1. 宣传个人

名片上呈现的名片持有者的姓名、职务、工作单位、联系方式等个人信息，可用于个人介绍宣传。

2. 宣传企业

名片上除了个人信息资料外，还可以有企业相关的信息，如企业的名称、企业Logo、地址、网址及企业的业务领域等。在名片设计中使用企业要求的标准色和标准字等，可以更好地宣传企业，代表着企业的形象。

3. 传递信息

名片以特有的形式传递个人、企业及业务信息，很大程度上方便了人们沟通交流工作、学习以及生活上的信息。

在进行名片设计前，首先要清楚制作的名片分类，并确定名片的印刷方式、名片内容、印刷难易和尺寸，这些是制作名片时的基本要求。

2.1.2 名片的分类

名片的分类方法有很多，可以根据其用途分为商业名片、个人名片、公用名片；按照名片的性质分为身份标识类名片、业务行为标识类名片以及企业 CI 系统名片；根据排版方式可以划分为横式名片、竖式名片、折卡名片；根据制作工艺分为胶印名片、彩印名片和激光打印名片，还可以按照材料、色彩来进行划分。

在进行名片设计时，结合名片的类型有助于提升客户的满意度。

2.1.3 名片的印刷方式

1. 激光打印

激光打印是目前使用最广泛也是比较简单的印刷方式。胶印和丝网印刷离不开激光打印，它们简单的制版要靠激光打印来完成。目前的激光打印可分为黑白和彩色两类，可分别制作出档次不同的名片。

2. 胶印

胶印是较为传统的名片印刷方式。胶印要比激光打印复杂许多，首先，设计好的名片样板要打印在转印纸上，或者输出成印刷菲林（有网线的彩色图片），然后再用晒版机把转印纸或菲林上的名片样板晒到名片专用 Photoshop 印刷版上，把晒好的 Photoshop印刷版装上名片胶印机即可印刷。

3. 丝网印刷

丝网印刷不太适合用于纸上印刷，在名片印刷中很少用到。丝网印刷与胶印一样，也需要把设计好的名片样板打印在转印纸上，或者输出成印刷菲林，然后再用丝网专用晒版机把转印纸或菲林上的名片样板晒到丝网印刷版上，再把丝网印刷版装上丝网印刷机即可印刷，如图 2-3 所示。

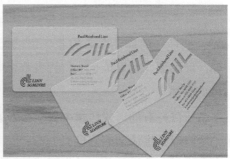

图 2-3　丝网印刷名片

2.1.4　名片制作的步骤

1. 确定名片内容

印刷名片时首先需要确定名片上要印刷的内容。名片主要由文字、图片、单位 Logo 构成，数码信息也是其中的一种。

2. 确定印刷难易

根据名片数量的多少、名片颜色的多少以及单双面印刷的要求，确定印刷的方式，以及难易程度，作为估算名片制作完成时间以及费用的参考。

3. 名片的尺寸

名片的标准尺寸为 90mm×54mm、90mm×50mm、90mm×45mm，但要加上出血的上、下、左、右各 2～3mm，所以在进行设计时，新建名片大小必须要加上出血。稿件完成时不需要画十字线及裁切线。

2.1.5　版式设计的原则

无论是名片还是其他的平面作品，其版式设计都遵循四大基本原则，在设计中，这四个原则不是独立使用的，而且互相嵌套，你中有我，我中有你。

（1）亲密性：相关联的内容组织在一起，物理位置的接近就意味着存在关联。如果多个内容相互间存在很高的亲密性，它们将成为一个视觉单元，而不是多个孤立的元素。彼此相关的项应当归于一组，亲密性的根本目的是实现组织性，如图 2-4 所示。

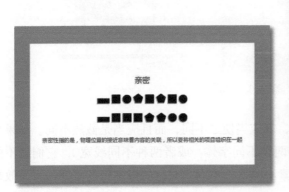

图 2-4　亲密性

（2）对齐：任何元素都不能在页面上随意安放，每一项都应当与页面上的某个内容存在某种视觉联系，对齐的根本目的是使页面统一而且有条理，如图 2-5 所示。

图 2-5　对齐

（3）重复：设计的某些方面需要在整个作品中重复。设计中视觉元素的重复可以将作品中的各部分连在一起，从而统一并增强整个作品的视觉效果，否则这些部分只是彼此孤立的单元。重复的目的就是统一，并增强视觉效果，如图 2-6 所示。

图 2-6　重复

（4）对比：如果两项不完全相同，就应当使之不同，而且应当是截然不同。如果页面上放两个不完全相同的元素（如有两种不同字体，或者两种不同线宽），它们就不能类似。要实现有效的对比，这两个元素必须截然不同。对比的根本目的是增强页面效果和有助于信息的组织，如图 2-7 所示。

图 2-7　对比

2.2　名片设计优秀案例赏析

特别说明：下面介绍的优秀案例图片均来自网络。

如图 2-8 所示名片采用常用横版幅面，版面采用非常醒目的黄色和黑色，色彩对比强烈、和谐统一。版面排版层次清楚、结构明了。

图 2-8 企业名片

如图 2-9 所示名片采用竖版幅面，正面背景颜色采用 Logo 的颜色，将版面大面积的暖色与小面积的冷色形成强烈的对比，有较强的视觉冲击力，将 Logo 置于版面的中心，与背景融为一体形成一朵完整花的图案。反面设计简约，为上下结构，上部分为品牌标志突出显示，与其下的说明文字大小对比，主次分明。

图 2-9 竖版名片

如图 2-10 所示名片设计为典雅风格，使用民族特色的图案，凸显其复古、典雅、高贵的气质。

图 2-10　风格化名片

2.3　项目一：海豚馆名片设计

2.3.1　项目背景分析

1. 项目背景

海豚馆是一家亲子游泳馆，公司目前需要制作一款名片，用于推广，让更多的用户前来体验。

2. 制作思路

（1）制作名片正面：首先需要根据名片的用途选择主体色调，本项目通过椭圆工具创建圆及圆环，并以蓝色为主体色调，与水的主题相呼应。

（2）制作文字内容：根据需要依次输入文字，并调整文字大小，通过渐变叠加突出主题文字内容。

（3）制作名片背面：名片背面添加一些装饰图案和元素，层次感分明，使用横排文字工具添加关键文字，起到画龙点睛的作用即可。

3. 所用工具及知识点

矩形工具、椭圆工具、直线工具、横排文字工具、渐变叠加图层操作等。

4. 案例展示

在 Photoshop 中制作的名片如图 2-11 和图 2-12 所示。

图 2-11　项目名片正面展示

图 2-12　项目名片反面展示

2.3.2 项目实现

第 01 步：新建文件。按 Ctrl+N 组合键或执行"新建"命令，在弹出的"新建文档"对话框中，设置"宽度"为 94 毫米，"高度"为 58 毫米，"分辨率"为 300 像素 / 英寸，如图 2-13 所示。

海豚馆名片
-1.mp4

图 2-13　新建文件

第 02 步：新建图层。在"图层"面板中新建一个图层，命名为"蓝色圆"。单击

"椭圆工具"按钮，填充色为 #4c9dd0。按住 Shift 键拖动鼠标创建圆，如图 2-14 所示。

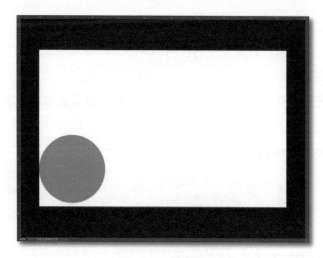

图 2-14　绘制圆形

第 03 步：复制图形并缩放。按住 Alt 键，拖动鼠标复制图形，按 Ctrl+T 组合键对图形进行缩放，如图 2-15 所示。

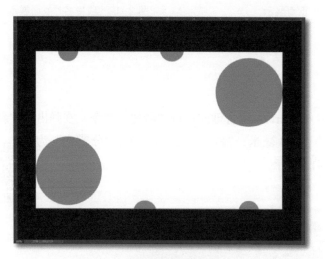

图 2-15　复制图形并缩放

海豚馆名片
-2.mp4

第 04 步：创建圆环。单击"椭圆工具"按钮，填充色设置为无，描边颜色设置为 #4c9dd0，宽度设置为 7，如图 2-16 所示。按住 Shift 键拖动鼠标绘制圆环，并摆放到指定位置，如图 2-17 所示。

图 2-16

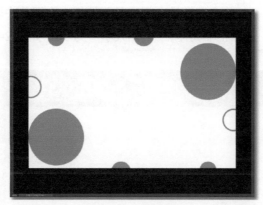

图 2-17　绘制圆环

第 05 步：创建浅蓝色圆形及圆环。按住 Alt 键，拖动鼠标复制圆形和圆环，对图形进行缩放，并放在指定位置上，修改填充色与描边色为 #7fcef4，如图 2-18 所示。

图 2-18　创建更多的圆形

第 06 步：新建参考线。单击"视图"按钮，选择"选择新建参考线版面"，列数和行数设置为 2，勾选"边距"复选框，建立参考线，如图 2-19 所示。

图 2-19　建立参考线

第 07 步：输入文字。单击"横排文字工具"按钮，在图像中输入文字。在"字符"面板中，设置"字体"为方正喵呜体，"字体大小"为 36，如图 2-20 所示。

图 2-20　输入文字

第 08 步：添加渐变图层样式。双击海豚馆图层，在弹出的"图层样式"对话框中选中"渐变叠加"复选框，设置"样式"为"线性"，"角度"为 90°，"缩放"为 100%，渐变色标为 #5b81bb 和 #7fcef4，如图 2-21 所示。

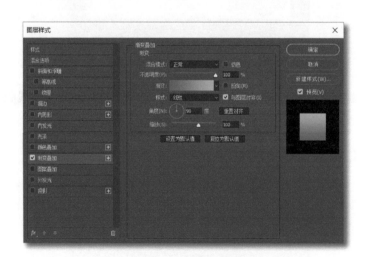

图 2-21　设置渐变叠加

第 09 步：输入文字。单击"横排文字工具"按钮，在图像中输入文字"体 / 验 / 热 / 线"，在选项栏中设置"字体"为微软雅黑，"字体大小"为 10 点，如图 2-22 所示。

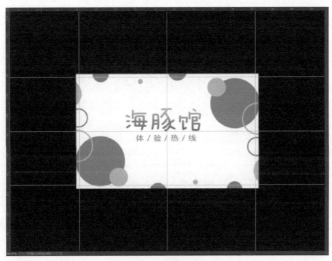

图 2-22　输入文字

第 10 步：绘制直线。单击"直线工具"按钮，选择"形状"属性，描边颜色为黑色，直线粗细设置为 1 像素，如图 2-23 所示。直线效果如图 2-24 所示。

图 2-23　设置形状属性

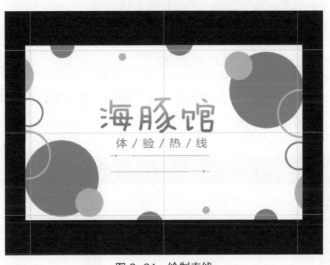

图 2-24　绘制直线

海豚馆名片
–3.mp4

第 11 步：输入文字。单击"横排文字工具"按钮，在图像中输入文字。在选项栏中设置"字体"为微软雅黑，"字体大小"为 10 点。并为文字添加"渐变叠加"样式，如图 2-25 所示。

图 2-25　输入文字

第 12 步： 调整图层组。新建"名片正面"组，将"背景"以外的所有图层拖动到该组中，并隐藏该组，然后新建"名片背面"组，如图 2-26 所示。

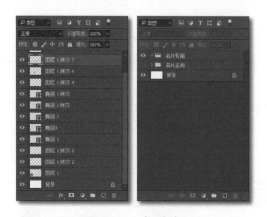

图 2-26　建立新组

第 13 步： 创建色块。新建图层，单击"矩形工具"按钮，拖动鼠标创建矩形色块，并填充颜色为 #4c9dd0，如图 2-27 所示。

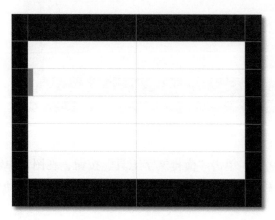

图 2-27　创建色块

第 14 步：复制色块并填充颜色。按住 Alt 键，拖动鼠标复制图像，并填充为 #7ecef4，然后依次复制填充，如图 2-28 所示。

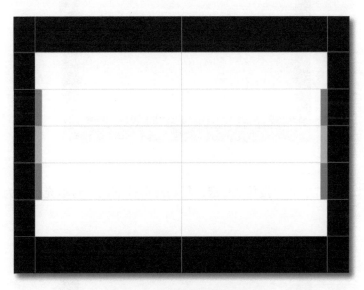

图 2-28　复制色块并填充颜色

第 15 步：绘制直线。新建图层，单击"直线工具"按钮，设置直线粗细为 3px，拖动鼠标创建直线，颜色为 #7ecef4，如图 2-29 所示。

图 2-29　绘制直线

第 16 步：绘制圆形。新建图层，单击"椭圆工具"按钮，按住 Shift 键，绘制两种圆，颜色为 #7ecef4，并复制摆放到相应位置，如图 2-30 所示。

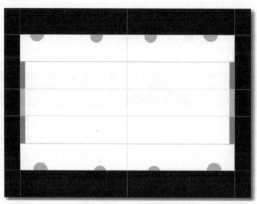

图 2-30　绘制圆形

第 17 步：复制并填充。按住 Alt 键，复制圆形并缩放，将填充色改为 #4c9dd0，如图 2-31 所示。

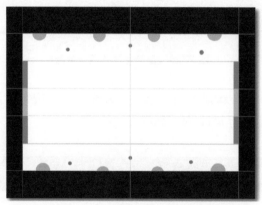

图 2-31　复制圆形并填充颜色

第 18 步：绘制路径。新建图层，使用"钢笔工具"绘制路径，按 Ctrl+Enter 组合键将路径转换为选取，填充色设为 #4c9dd0，如图 2-32 所示。

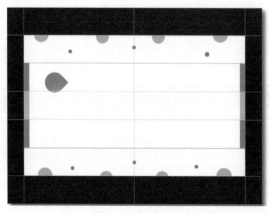

图 2-32　绘制路径

第 19 步：绘制圆形、矩形和下画线。利用"椭圆工具""矩形工具""直线工具"绘制图形，填充色为 #4c9dd0，如图 2-33 所示。

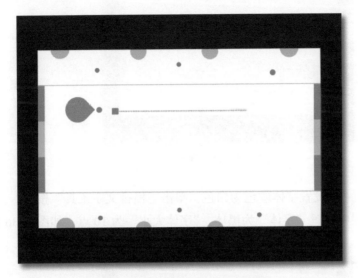

海豚馆名片
–4.mp4

图 2-33　绘制圆形、矩形和下画线

第 20 步：复制图像。单击上面制作的图像，按住 Alt 键，复制两次，改变其中一个填充色为 #7ecef4，如图 2-34 所示。

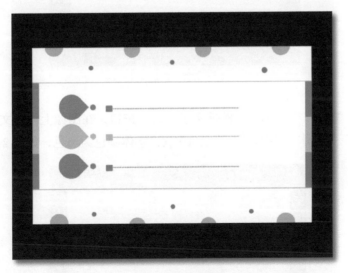

图 2-34　复制图像

第 21 步：绘制直线。用一条直线把三个圆连在一起，直线粗细为 1px，描边色为 #4c9dd0，如图 2-35 所示。

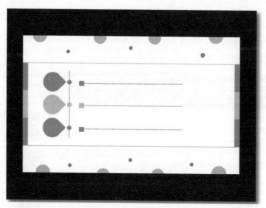

图 2-35 绘制直线

第 22 步：添加文字。设置字体颜色为白色，单击"横排文字工具"按钮，在图像上输入文字，在选项栏中设置"字体"为黑体，"字体大小"为 10 点，如图 2-36 所示。

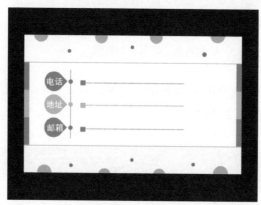

图 2-36 添加文字

第 23 步：输入文字。单击"横排文字工具"按钮，在图像上输入文字，在选项栏中设置"字体"为黑体，"字体大小"为 10 点，字体颜色为黑色，如图 2-37 所示。

图 2-37 输入文字

2.4 项目二：地产公司名片设计

2.4.1 项目背景分析

1. 项目背景

李先生是浙江省金宏首府房地产公司的销售经理，目前公司准备销售楼房，为了更好地与客户联系，李经理需要制作一款名片，用于宣传自己的公司，让更多的客户前来购房。

2. 设计思路

首先需要根据名片的用途选择主体色调，选择与房地产相关的元素制作好背景，然后依次输入文字，并根据版式设计的基本原则调整文字大小及位置。

3. 所用工具及知识点

矩形工具、自由变换、渐变叠加、横排文字工具等。

4. 案例展示

在 Photoshop 中创作的个性名片如图 2-38 所示。

图 2-38 项目名片展示

2.4.2 项目实现

第01步：新建文件。按 Ctrl+N 组合键或执行"新建"命令，在弹出的"新建文档"对话框中，设置"宽度"为 94 毫米，"高度"为 58 毫米，"分辨率"为 300 像素 / 英寸，如图 2-39 所示。

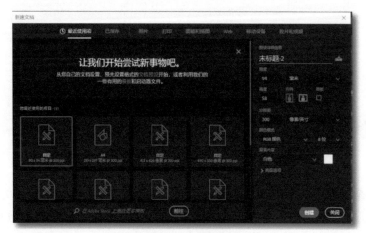

房地产名片
–1.mp4

图 2-39　新建文件

第02步：添加背景。打开素材"背景 .jpg"，拖到文件中，然后移动到适当位置，如图 2-40 所示。

图 2-40　添加背景

第03步：设置亮度/对比度。单击"混合模式"选项，单击"亮度/对比度"按钮，设置亮度为 –62，对比度为 50，如图 2-41 所示。

图 2-41 设置亮度 / 对比度

第 04 步： 创建矩形边框。单击"矩形工具"按钮，设置填充为无，描边粗细设置为 5.5px，拖动鼠标创建矩形边框，如图 2-42 所示。

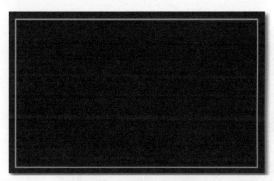

图 2-42 创建矩形边框

第 05 步： 为矩形边框添加渐变叠加效果。单击"混合模式"选项，单击"渐变叠加"按钮，选择"径向"样式，编辑渐变色，在 0%、16%、25%、44%、54%、62%、73%、89%、100% 处分别设置颜色为 #946528、#f8e1bd、#a28350、#f0d7ae、#f9efde、#f0d7ae、#a28350、#d1b07d、#e6d9c9，并单击"新建"保存渐变模板，如图 2-43 所示。

图 2-43 为矩形边框添加渐变叠加效果

 Photoshop 商业项目实战

图 2-43　为矩形边框添加渐变叠加效果（续）

第 06 步：导入素材。找到素材"房屋 .png"，拖到文件中，然后将其移动到适当位置，如图 2-44 所示。

图 2-44　添加房屋素材

房地产名片
-2.mp4

第 07 步：输入公司信息文字。设置文字颜色为白色，使用"横排文字工具"在图像中输入文字，在选项栏中设置"字体"为微软雅黑，"字体大小"为 7 点，第一行文字"字距"设置为 200，第二行拼音"字距"设置为 -30，如图 2-45 所示。

图 2-45　输入公司信息文字

第 08 步：**输入姓名信息文字**。设置字体颜色为白色，使用"横排文字工具"在图像中输入文字，在选项栏中设置"字体"为华文楷体，字体大小分别为 16 点和 6 点，如图 2-46 所示。

图 2-46　输入姓名信息文字

第 09 步：**输入其他信息文字**。设置字体颜色为白色，使用"横排文字工具"在图像中输入文字，在选项栏中设置"字体"为微软雅黑，字体大小为 6 点，并适当调整位置，如图 2-47 所示。

图 2-47　输入其他信息文字

第 10 步：**创建矩形条**。新建图层，单击"矩形工具"按钮，拖动鼠标创建矩形，设置"填充色"为白色，"描边色"设为无，如图 2-48 所示。

图 2-48　创建矩形条

第 11 步: 新建图层组。新建组，命名为"文字"，将文字和矩形条拖入新建组中，如图 2-49 所示。

第 12 步: 为"文字"组添加渐变叠加效果。单击"混合模式"选项，单击"渐变叠加"按钮，选择"径向"样式，找到之前在编辑矩形边框时保存的渐变模板，对文字添加渐变叠加效果，如图 2-50 所示。

房地产名片
－3.mp4

图 2-49　创建新组

图 2-50　为文字添加渐变叠加效果

第 13 步: 导入花纹素材。找到素材"花纹 .png"，将其拖到文件中，设置不透明度为 40%，然后移动到适当位置，如图 2-51 所示。

图 2-51　导入花纹素材

第 14 步: 导入图案素材。找到素材"图案 .png"，将其拖到文件中，按 Ctrl+T 组合键启动自由变换，按住 Shift 键，拖动鼠标调整大小，然后移动到适当位置，如图 2-52 所示。

图 2-52　导入图案素材

第 15 步：新建图层组。新建名为"名片正面"的图层组，将"文字"组、花纹和图案拖入"名片正面"组中，并单击隐藏；制作名片背面，隐藏"名片正面"组，背景、矩形和房屋等保留，新建"名片背面"图层组，如图 2-53 所示。

第 16 步：输入文字。设置文字颜色为白色，使用"横排文字工具"在图像中输入文字，在选项栏中设置"字体"为华文楷体，"字体大小"为 48 点，并调整到适当位置，如图 2-54 所示。

图 2-53　新建图层组

图 2-54　输入文字

第 17 步：输入广告文字。设置字体颜色为白色，使用"横排文字工具"在图像中输入文字，在选项栏中设置"字体"为微软雅黑，字体大小为 6 点，第一行文字"字距"设置为 20，第二行英文"字距"设置为 80，如图 2-55 所示。

图 2-55　输入广告文字

第 18 步：新建"文字"组并添加渐变叠加效果。新建"文字"组，将"首府"和广告"文字"拖到文字组中，单击"混合模式"选项，单击"渐变叠加"按钮，选择"径向"样式，找到之前在编辑矩形边框时保存的渐变模板，对文字添加渐变叠加效果，如图 2-56 所示。

图 2-56　新建"文字"组并添加渐变叠加效果

第 19 步：导入花纹素材。找到素材"花纹 .png"，将其拖到文件中，设置不透明度为 40%，然后移动到适当位置，如图 2-57 所示。

图 2-57　导入花纹素材

第 20 步: 导入二维码。找到素材"二维码.png",将其拖入当前文件中,按 Ctrl+T 组合键启动自由变换,按住 Shift 键,拖动鼠标调整大小,然后移动到适当位置,如图 2-58 所示。

图 2-58　导入二维码

2.5　拓展项目:文化公司名片设计

设计文化公司名片,如图 2-59 所示。

图 2-59　文化公司名片展示

第3章

易拉宝设计

⊘ 学习目标

- 了解易拉宝展架设计的基础知识，能够独立完成易拉宝的设计与制作。
- 熟练掌握绘图工具的使用，能绘制出简单的图形。
- 掌握文字工具的基本操作。
- 掌握渐变工具的使用，可以熟练进行渐变编辑器的设置。

3.1　易拉宝基础知识

3.1.1　易拉宝简介

　　易拉宝又称易拉架、展示架，是一种立式宣传海报，适用于会议、展览、销售宣传等场合，主要用于协助商家、企业宣传，携带方便、安装简易、经济实用，可多次更换画面，使用频率较高，常摆放在店面门前或人流较多的通道。易拉宝展架主要是塑胶或铝合金材质的，海报页面为写真纸。

　　易拉宝的常见形式主要包括常规展示架和异形展示架。常规展示架是根据行业内常用的尺寸设计和制作画面，便于支架和画面的组合安装，常见尺寸有 80cm×200cm，85cm×200cm，90cm×200cm，100cm×200cm，120cm×200cm。异形展示架没有固定的标准尺寸约束，也就是客户经常按自身需求定做产品。通过外形还可以将易拉宝分为 H 型展示架、X 型展示架、L 型展示架，如图 3-1 ～图 3-3 所示。

图 3-1　H 型展示架

图 3-2　X 型展示架

通常 H 型展示架称为易拉宝，X 型展示架称为 X 展架。

1. 规格上

X 展架有 60cm×160cm 或 80cm×180cm 的规格，而易拉宝展架规格比较多，有 60cm×160cm、80cm×180cm、80cm×200cm 等规格，还可以根据商家要求来定做，当然面积越大价格就越贵。

2. 材质上

X 展架使用的是金属圆芯，铝合金连接 U 型脚，质量不足 1.5kg，方便运

图 3-3　L 型展示架

输，安装简单，不到一分钟就能安装好整个 X 展架。它经济实用，是轻便、快捷的广告宣传用品，十分方便。

易拉宝以塑钢材料为主，体积小、精致、质量稳定、易于安装，30s 即可展示一幅完美画面，携带方便。易拉宝款式较多，画面比 X 展架要大很多，能表现更多的广告效果。

3.1.2　易拉宝设计的构成要素

构成要素是指构成名片的各种设计要素，是名片的最小组成单位。这些设计要素有着其自身独有的作用和功能，各要素之间相互联系，构成一个统一的整体。易拉宝的构成要素主要包括图案和文案两大类。

（1）图案：包括企业 Logo、二维码、与主题相关的花纹等。图案设计是否恰当，直接影响到易拉宝的视觉效果。一个好的图案不仅要与主题相呼应，还要置于合适的位置以满足构图的需要。

（2）文案：易拉宝文案主要包括主题文案和辅助文案。主题文案通常要与主题相符，如企业名称、活动主题等；辅助文案是对主题文案的补充说明。

易拉宝和展架都是用于远观的，标题一定要大，说明文字的大小根据内容的多少尽量不小于 30pt，版面左右留出 1cm，上下留出 3cm，以便于安装。展架四周打眼处不能排版文字、标识等重要信息，如图 3-4 所示。

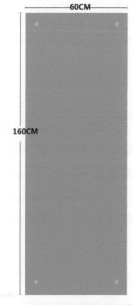

图 3-4　X 展架留边设计

3.1.3 易拉宝制作的步骤

1. 与客户协商确定制作的形式

根据客户的要求确定客户要制作的是易拉宝、X 展架还是屏风，以及展架大小、设计风格要求等。

2. 文案分析确定易拉宝内容

根据客户提供的文本信息，对视觉主体、广告语、正文内容、附加说明性文字等内容进行梳理，并搜集相应的图片素材，为开始制作做好准备。

3. 软件操作

新建文件，设计尺寸、分辨率、画参考线。

4. 构图并设计制作

根据文本内容及图片素材进行构图，依据排版的基本原则设置好文字、图片位置及对齐方式。

5. 整体协调、调整完善

初稿完成后与客户沟通，根据整体效果局部调整元素。

6. 打印输出

3.2 易拉宝优秀案例赏析

如图 3-5 所示，易拉宝采用色块将版面分隔成不同的区域。色块面积的不同变化，避免了呆板效应；销售广告语置于右下角通过箭头引导，突出处理，设计较为别致；图案选用与花相关的元素，主题突出。

如图 3-6 所示，易拉宝画面中的三角形与菱形品牌标志相呼应，十分别致。以灰色调为主色彩，和谐统一，搭配黄色的点缀，画面更有立体效果。

图 3-5 花茶宣传易拉宝

图 3-6 企业宣传易拉宝

3.3 项目一：文化博览会易拉宝设计

3.3.1 项目背景分析

1. 项目背景

中国文化产品交易博览会，主要用于是向全世界展示文化产品。为了宣传博览会，

图 3-7 易拉宝效果图

让更多的人了解、知晓博览会，同时吸引更多的商家前来参展，需要制作易拉宝，以告知大家博览会的时间、地点，为商家参展做好准备。

2. 制作思路

（1）整理素材：根据易拉宝的主题，整理文案资料，准备好与文化产品相关的图片素材。

（2）开始制作：注意出血，拉参考线，根据 Logo 颜色确定整个版面的搭配色彩。

（3）调整版式：根据对比性原则、亲密原则调整版面整体效果，重要的内容置于视觉中心。

3. 所用工具及知识点

矩形选框工具、颜色渐变工具、文字工具、图层操作等。

4. 案例展示

在 Photoshop 中创作的易拉宝，如图 3-7 所示。

3.3.2 项目实现

文化博览会易拉宝 -1.mp4

第 01 步：新建文件。执行"文件"→"新建"命令，在"新建文档"对话框中，设置"宽度"为 80 厘米，"高度"为 200 厘米，"分辨率"为 72 像素 / 英寸，"色彩模式"为 CMYK 颜色，如图 3-8 所示。

图 3-8 "新建文档"对话框

第 02 步：新建版面。执行"视图"→"新建参考线版面"命令，在弹出的"新建参考线版面"对话框中设置"列"为 2，"行数"为 2，上下边距设为 5 厘米，左右边距设为 1 厘米，如图 3-9 所示。

图 3-9　参考线版面设置

第 03 步：填充颜色。设置前景色为浅灰色（CMYK：9，4，3，0），按 Alt+Delete 组合键为"背景"图层添加前景色。

第 04 步：导入背景元素。

（1）打开素材"云形状背景"，按 Enter 键确认。

（2）新建图层并命名为"云背景"，设置前景色为蓝色（CMYK：86，55，7，0），绘制矩形选区，按 Alt+Delete 组合键为"云背景"图层添加前景色。

（3）拖动"云背景"图层，置于"云形状背景"图层的下方，并调整好位置，如图 3-10 所示。

（4）打开素材"背景元素"，按 Enter 键确认。

（5）将"背景元素"图层置于"云背景"图层的上方，单击"背景元素"图层，按 Alt 键，同时单击鼠标左键，创建智能图层，如图 3-11 所示。

　　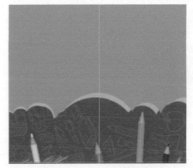

图 3-10　背景图层效果　　　　　图 3-11　添加背景元素

第 05 步：制作渐变色背景。

（1）选择渐变工具，设置渐变色由（CMYK：12，60，32，0）到（CMYK：10，98，100，0）。

文化博览会易拉宝 −2.mp4

（2）新建图层，用矩形选框工具绘制矩形，并从左到右填充渐变色。

（3）给图层添加投影样式 ，如图 3-12 所示，效果如图 3-13 所示。

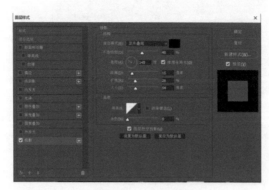

图 3-12　添加投影　　　　　　　　　图 3-13　投影效果

第 06 步：制作 Logo。

（1）打开素材"LOGO"，按 Enter 键确认

（2）输入"文博会"文字，字体为"造字工房尚雅"，字号为 210 点，颜色为（CMYK：86，55，7，0）。

（3）输入"ICIT"文字，字体为"造字工房尚雅"，字号为 150 点，颜色为（CMYK：75，44，9，0），调整其位置，注意与 Logo 图标顶端、底端对齐。

（4）给两个文字图层添加投影图层样式，具体设置如图 3-14 所示，选中三个图层单击"创建新组"按钮，并命名为"LOGO"，效果如图 3-15 所示。

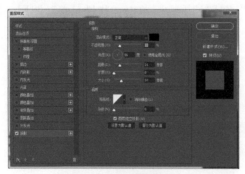

图 3-14　设置投影样式（1）　　　　　　图 3-15　Logo 效果图

第 07 步：添加图片。

（1）打开素材"脸谱 1"和"脸谱 2"，按 Enter 键确认。

（2）按 Ctrl+T 组合键分别选中素材，按 Shift+Alt 组合键等比例放大、缩小素材，并借助参考线调整好位置。

（3）打开素材"文具图标元素"，用选区工具选取所需要的图形，摆

文化博览会易拉
宝 -3.mp4

放到合适的位置，选择图片素材图层，单击"创建新组"按钮，并命名为"图标"，给当前组添加投影，参数设置如图 3-16 所示，最终效果如图 3-17 所示。

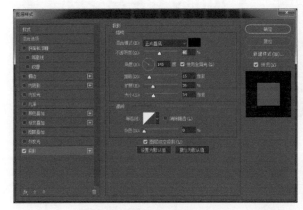

图 3-16　设置投影样式（2）　　　　　　　　图 3-17　图标排版效果

第 08 步： 添加标题文字。输入"第 68 届"，设置字体、字号，颜色设为黑色，如图 3-18 所示。输入"中国文化产品交易会"，字体设置如图 3-19 所示。同理，输入"ZHONGGUO CULTURAL PRODUCTS TRADE FAIR"，字体设置如图 3-20 所示，调整好文字间的距离。

文化博览会易拉宝 -4.mp4

图 3-18　"第 68 届"标题设置　　　图 3-19　中文标题设置　　　图 3-20　英文标题设置

第 09 步： 添加正文。输入"文博会是获得 UFI 认证的综合性文化产业博览交易会，被列入《国家"十一五"时期文化发展规划纲要》，是中国唯一一个国家级、国际化、综合性的文化产业博览交易会，以博览和交易为核心，全力打造中国文化产品与项目交易平台，促进和拉动中国文化产业发展，积极推动中国文化产品走向世界。中国文化产品交易博览会，创办于 1950 年。"，字体设置如图 3-21 所示，具体效果如图 3-22 所示。

第 10 步： 添加日期、地点。输入"日期：2021 年 4 月 27-30，地点：上海国际博览中心"，设置字体、字号，颜色设为白色，如图 3-23 所示，具体效果如图 3-24 所示。

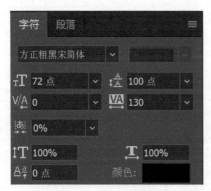

图 3-21　正文字符设置

图 3-22　正文排版效果

图 3-23　字符设置

图 3-24　排版效果

第 11 步：版面调整。调整版面元素的位置，最终效果如图 3-7 所示。

3.4　项目二：校园社团纳新易拉宝设计

3.4.1　项目背景分析

1. 项目背景

大学校园芭蕾舞社团将进行纳新，需要制作一张 80cm×200cm 大小的易拉宝，用于招募新的会员。易拉宝上将介绍社员可以享受的活动，以及报名时间和方式，关于招新更多的信息可以通过扫描二维码进一步了解。

2. 制作思路

（1）创建易拉宝背景：根据主题相关的芭蕾舞轻盈的特点，背景设置以莫兰迪色系为主，整个画面给人柔和的感觉，背景中添加了方形元素，使背景看起来更有立体感，色彩丰富，柔美中散发着活力。

（2）制作主体图像：通过给人物图像加阴影，图像更有立体感。

（3）添加文字并排版：通过文字大小对比，突出主题，同时添加圆形背景，使文字"纳新"更加醒目，能准确传达易拉宝信息。利用亲密性原则将社员活动、报名时间和方式体现出来，让人一目了然。

3. 所用工具及知识点

矩形选框工具、颜色渐变工具、文字工具、图层叠加操作等。

4. 案例展示

在 Photoshop 中创作的易拉宝，如图 3-25 所示。

图 3-25　芭蕾舞社团纳新易拉宝效果图

3.4.2　项目实现

第 01 步：新建文件。执行"文件"→"新建"命令，在"新建文档"对话框中，设置"宽度"为 80 厘米，"高度"为 200 厘米，"分辨率"为 72 像素 / 英寸，如图 3-26 所示。

芭蕾舞社纳新视频 -1.mp4

图 3-26　"新建文档"对话框（校园社团纳新）

第 02 步: 填充渐变色。选择"渐变工具",设置左端颜色为 #b6f7ff,右端颜色为 #82f1ff,按住鼠标左键从左上角拖至右下角,为图层填充渐变背景,将图层命名为"背景色",如图 3-27 所示。

图 3-27　渐变色

第 03 步: 新建版面参考线。执行"视图"→"新建参考线版面"命令,在弹出的 "新建参考线版面"对话框中,设置"列"为 2,"行数"为 2,上下边距设为 5 厘米, 左右边距设为 1 厘米,如图 3-28 所示。

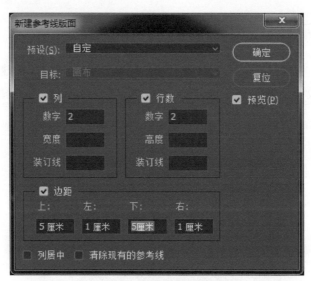

图 3-28　参考线版面设置

第 04 步：制作背景。

（1）打开素材"背景图"，按 Enter 键确认。

（2）单击鼠标右键选择"顺时针旋转90度"命令，按 Ctrl+T 组合键选中背景图片，再按住 Shift+Alt 组合键的同时按住鼠标左键拖动放大图片使其与背景一样大小。

（3）设置图层叠加模式为"线性光"，不透明度为 42%，填充为 46%。

（4）选择"渐变工具"，设置从黑色到透明的渐变色，给"背景图"图层添加图层蒙版，在蒙版中从左至右，从上至下分别添加渐变色，如图 3-29 所示。

图 3-29 图层设置

第 05 步：制作 Logo。

（1）打开素材"LOGO"，按 Enter 键确认。

（2）输入文字"校园.芭蕾舞社"，设置字体为"方正粗黑宋简体"，大小为 170 点，颜色为 #734d9c，放置到合适的位置，如图 3-30 所示。

图 3-30 Logo 制作

第 06 步：设置人物图案。

（1）打开素材"人物"，按 Enter 键确认，创建"人物"图层，将图案调整到合适的大小和位置。

芭蕾舞社纳新视
频 –2.mp4

（2）复制"人物"图层，并改名为"人物阴影"，按 Ctrl+T 组合键选中人物图，再按住 Shift+Alt 组合键同时按住鼠标左键拖动放大到合适的位置。

（3）选择"人物阴影"图层，在图层模式中选择"变暗"，设置不透明度为 80%，填充为 50%，图层设置及效果如图 3-31 所示。

图 3-31　图层设置及效果图

第 07 步：制作主题文字。

（1）输入文字"芭蕾舞社"，设置字体为"造字工房坚黑"，大小为 430 点，颜色为 # 76519e，放置到合适的位置，给图层添加投影，设置如图 3-32 所示。

（2）右键单击文字图层，选择"栅格化图层"命令。

（3）选择文字图层，添加图层蒙版，用黑色画笔工具涂抹，让人物的脚显示出来，效果如图 3-33 所示。

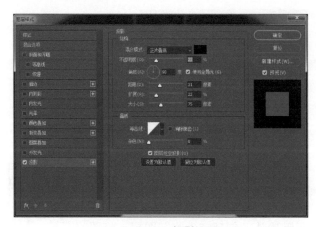

图 3-32　投影设置

图 3-33　文字设置效果图

第 08 步： 制作"纳新"主题文字。

（1）选择"椭圆工具"，同时按住 Shift 键，绘制圆，设置填充颜色为白色，边框线为 10px 的虚线，颜色为 #f5a717。给椭圆图层添加投影，设置如图 3-34 所示，复制椭圆图层，调整好位置。

（2）输入文字"纳新"，设置字体为"造字工房坚黑"，大小为 200 点，颜色为 #e24619，效果如图 3-35 所示。

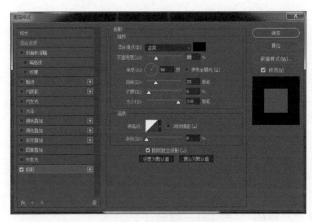 

图 3-34　图层样式设置　　　　　　　　图 3-35　文字设置效果图

第 09 步： 制作正文排版。

（1）输入文字"社员活动"，设置字体为"造字工房力黑"，大小为 80 点，颜色为 #2f4f33。

（2）用直线工具绘制直线，设置大小为 50 点，颜色为 #2f4f33。输入"Activities"，设置字体为"微软雅黑"，大小为 60 点，颜色为 #2f4f33。

（3）同上一步输入并设置"报名时间和方式"和"Time and Method"内容。

（4）输入社员活动内容"社团文化节 4 月份校园社团文化节开幕式活动 社团公益课 5 月份参与社团老师的公益课 毕业晚会 6 月份欢送毕业生晚会"，设置字体为"微软雅黑"，大小为 51 点，颜色为黑色，对活动内容主题进行加粗处理。

芭蕾舞社纳新视频 -3.mp4

（5）同上一步，设置时间、方式、举办部门、地址。

（6）打开素材"电话形状"，按 Enter 键确认，输入电话号码和 QQ 号，设置字体为"微软雅黑"，加粗，大小为 76 点，颜色为 #44271c，调整好位置，如图 3-36 所示。

图 3-36　正文排版效果

第 10 步：添加二维码。

芭蕾舞社纳新视
频 −4.mp4

（1）打开素材"二维码"，按 Enter 键确认。

（2）用"矩形工具"给二维码绘制矩形外框，设置描边为 10px，颜色为 #f5a717。

（3）输入"更多招新信息 扫描二维码关注公众号"，设置字体为"微软雅黑"，大小为 59 点，颜色为黑色，如图 3-37 所示。

图 3-37　二维码排版效果

第 11 步：添加装饰元素。

（1）打开素材"光"，按 Enter 键确认。

（2）在"光"图层的上方创建"色相 / 饱和度"图层，单击"色相 / 饱和度"图层，按住 Alt 键，同时单击鼠标左键，创建智能图层，调整色相、饱和度、明度的值，并选择"着色"，如图 3–38 所示。

第 12 步：版面调整。调整版面元素的位置，最终效果如图 3–25 所示。

图 3–38　色相 / 饱和度设置

3.5　拓展项目：展会活动易拉宝设计

设计展会活动易拉宝，如图 3 –39 所示。

图 3-39　展会活动易拉宝设计

第 **4** 章

产品修图

🎯 学习目标

- 了解光影的作用及光影基本理论，了解不同材质物品的光影特征，能够赏析产品图片。
- 熟练掌握钢笔、画笔、蒙版、图层混合模式、模糊等的使用，能针对产品特点进行光影绘制或修改。
- 熟练掌握调色校色工具的使用，能修正产品颜色。
- 了解产品修图的基本方法，能够完成产品图片的精修。

4.1 什么是产品修图

互联网时代，电子商务世界异彩纷呈，"电子商务"已经成为大众生活的常见关键词。电子商务中的产品依靠网络图片、视频等呈现，买家大多通过视觉感受来判断产品的可购买性，因此产品图片的效果成为促成买家购买的重要因素。

要得到效果良好的产品图片，需要专业的摄影棚和专业的摄影技术，而因场地、设备、摄影技术、经济成本、时间等限制，大部分直接拍摄的产品图片都有细节上的瑕疵，达不到理想的效果。电子商品设计师、修图师或电子商品从业人员通过产品修图，去除瑕疵，优化产品的轮廓、结构、质感、色彩、清晰度等，让产品图片更加完美地呈现在买家面前，从而刺激买家的购买欲望，以达到销售的目的。

产品的结构、体积、材质、颜色、光感都通过光影的不同表现形式而呈现，如图 4-1 所示。光影是视觉艺术的基石，也是控制构图和叙事的关键。产品修图需遵循实际的光影规律，因此修图师需要对光影有一定的理解才能在修图过程中正确运用光影。

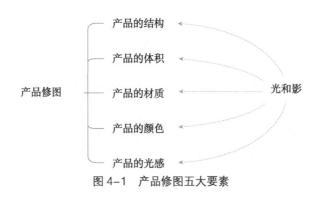

图 4-1　产品修图五大要素

产品修图分为产品精修和设计修图。产品精修大多数状况下是将商品重新绘图，随后再美化。设计修图是在原产品图片的基础上做一些修图、美化。如图 4-2 ～图 4-5 所示为一些产品修图示例。

图 4-2 蓝牙耳机修图

图 4-3 保湿霜精修图

图 4-4 白色衣物色渍净修图

图 4-5 平衡车精修图

4.1.1 产品的光影

在初学美术时，人们通过画几何体来了解和掌握物体的光影关系。学习产品修图也是一样的，想要在后期修出专业、理想的图片，就要先了解物体的光影关系，为修图打下基础，"三大面五大调子"的光影基础理论是学习产品修图的基础。

如图4-6所示，光直接从左上侧打过来，光的强度在立方体上呈现出三个不同的色阶，长方体顶部接受的光照最强度，是受光面，所以最亮，被称为"亮面"；侧光面接受光源光照强度居次，被称为"灰面"；背光面最暗，被称为"暗面"。

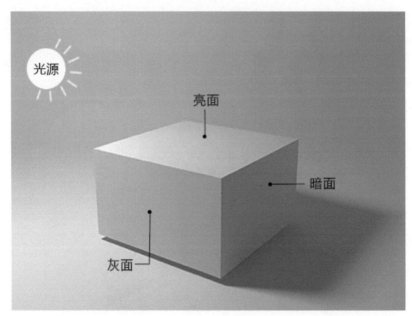

图 4-6 三大面

在三大面中，根据受光的强弱不同，明暗还有很多明显的区别，形成了五个调子。除了亮面的亮调子，灰面的灰调子和暗面的暗调子之外，暗面由于环境的影响又出现了"反光"。另外，在灰面与暗面交界的地方，既不受光源的照射，又不受反光的影响，因此形成了最暗的"明暗交界线"。这就是人们常说的"五大调子"，即光影的五大构成元素。任何物体，无论形体变化有多么复杂，接受光源角度有多大的变化，都可以在物体的整体或局部之中找到五大调子的排列顺序。下面以球体和圆柱体为例来看一下明暗五大调子，如图4-7和图4-8所示。

亮面（高光）：物体受光的部分。高光是最亮的部分，不同材质的高光强度也不一样。同样强度光线的情况下，越是光滑的物体高光部分越强；棉、毛、粗糙物体的表面则会相对柔和。

中间调（灰面）：物体本身的颜色。

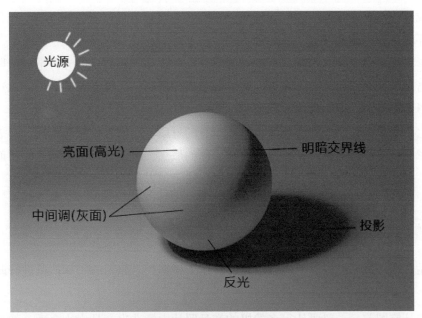

图4-7　球体明暗五大调子

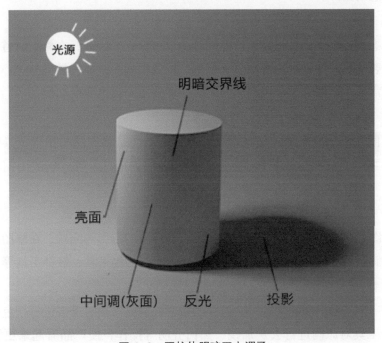

图4-8　圆柱体明暗五大调子

明暗交界线：物体受光极少或不受光的部分，是最暗的部分。光线越强、硬度越高，明暗交界线越明显。例如，光滑的金属体上明暗对比是很强烈的，如果是棉毛制品则相对柔和。

反光：物体受光的同时，环境或周围其他物体也会受光，这个时候会有光反射到物

体上形成反光。反光跟光线强弱和材质也有关系，同时也受环境色的影响。越是光滑的表面受环境色影响越大。

投影：投影跟光源和材质都有密切的联系。面积小或距离远的光源造成的阴影，边缘是很清晰的，而面积大或就在近旁的光源造成的阴影，边缘则是柔的。靠近物体的部分投影通常最深。透明物体投影相对也会弱。

在生活场景中，因光源、环境，物体本身的材质、结构、位置等不同，会表现出不同的光影关系。学习光影时，首先要有体、面的概念，养成分析的习惯，并将明暗变化与对体、面的理解结合起来，探索物体立体感的表现方法。

4.1.2 产品修图的基本流程

产品修图一般可以按以下流程进行，具体请根据产品原图的实际情况进行调整。

1. 挑选产品图

在产品修图前，一般要从很多拍摄的产品照片中挑选出产品大小合适、像素清晰度高和构图理想的图片。

2. 形态修正

产品形态端正是修成一张完美产品图片的第一保证。因此，在修图时首先要观察产品的形态是否端正，如是否出现倾斜、变形，以及出现多余或残缺部分等，如果存在这些情况，则需要在修图时予以调整。修图时一般会用到自由变换功能。

3. 抠图

产品抠图是产品修图的一个基本功。抠图的目的是将产品与拍摄背景脱离，产品独立出来后可方便后期修补瑕疵、添加光影细节、更换背景等。一般用钢笔工具进行产品抠图。

4. 去除瑕疵

在产品图片中难免会存在一些瑕疵、杂点、环境的倒影等问题，在修图时需要细心观察，将瑕疵杂点等清除干净，一般会用到污点修复画笔工具、修补工具等。

5. 调色校色

偏色是一个经常出现的问题，会误导消费者，因此修图时需要进行颜色校正。一般会使用色阶工具对原图进行去灰加锐、黑白分明等操作，使产品看起来更饱满和有质感，然后使用色相饱和度、曲线、色彩平衡来调色校色。

6. 修补光影

有人声称"没有出色的用光，就不会有出色的照片"，虽然不会那么极端，但光影确实是视觉艺术最重要的组成成分之一。加强图片的光影细节、光影层次能让产品图片更加出彩。

7. 完善标志

一般的产品表面都带有 Logo 和文字，这部分往往会在添加光影的时候被遮盖，因此，在光影添加好之后，要查看是否需要将 Logo 和文字重新制作。

8. 场景渲染

给产品添加合适的场景效果，能起到烘托气氛、渲染画面的作用。通常根据所需尺寸（一般电商主图为 800px×800px）对图片进行适当裁剪，然后添加场景、倒影、阴影等效果。

4.2 产品修图优秀案例赏析

如图 4-9 ～图 4-12 所示为一些产品修图的优秀案例。

图 4-9　眼霜产品图

图 4-10　凝露水产品图

图 4-11　精华水产品图

图 4-12　保温杯产品图

4.3　项目一：黑色耳机修图

4.3.1　项目背景分析

项目分析 .mp4

1．项目背景

本次项目要求完成一个头戴式黑色耳机的产品修图。

通过本项目案例的学习，读者能够掌握钢笔抠图、色阶调整、瑕疵修补、图层混合模式、画笔等的基本应用。

已有商品的拍摄素材，如图 4-13 所示。

图 4-13　耳机原图

2. 制作思路

　　产品图的对比度不够，导致产品体积感不强。产品图上有拍摄辅助用绳，需要后期去除。因此，首先用钢笔工具抠出产品轮廓，调整色阶提高对比度，去除并修补产品外形上的瑕疵，然后提亮产品亮部，调暗产品暗部，替换产品背景，从而完成对耳机图片最简单的修图。

3. 案例展示

　　修图前后的耳机效果如图 4-14 所示。

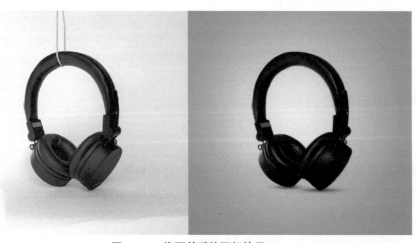

图 4-14　修图前后的耳机效果

4.3.2 项目实现

新建文档和调色阶 .mp4

第 01 步：新建文档。

（1）打开 Photoshop 软件，单击"新建"按钮，打开"新建文档"对话框，设置文档尺寸为宽度 1600 像素，高度 800 像素，方向选择"横向"，分辨率保持默认的 72 像素 / 英寸，颜色模式选择"RGB 颜色，8 位"，其他保持默认，单击"创建"按钮，如图 4-15 所示。

图 4-15　新建文档

（2）设置前景色为"#94a2d1"，填充背景图层。

（3）拉出一条参考线，将画布左右均分。导入产品图片，在画布左右均放置一个，调整好位置，如图 4-16 所示（画布左侧用于放置原图，对画布右侧进行修图，使操作时能随时分析原图，并进行对比）。

图 4-16　布局

（4）将文件存储为"耳机修图"。此时，"图层"面板中的图层如图 4-17 所示。

图 4-17 "图层"面板

第 02 步：调整色阶。

选中"原图右"图层，按 Ctrl+L 组合键，打开"色阶调整"面板。单击"自动"按钮，自动设置色阶，并观察产品图片效果，再拖动中间滑块进行手动调整，如图 4-18 所示。

图 4-18 色阶调整

色阶调整后的对比效果如图 4-19 所示，产品图片效果已经有了明显改善。

图 4-19 色阶调整前后的对比效果

第 03 步：产品抠图。

（1）放大产品图片，选中"钢笔工具"，沿着产品外轮廓进行抠图，如图 4-20
所示。在"路径"面板中将路径存储为"外轮廓"，如图 4-21 所示。

外轮廓抠
图 .mp4

图 4-20　耳机外轮廓的钢笔抠图

图 4-21　外轮廓路径存储

（2）按住 Ctrl 键，鼠标左键单击外轮廓路径缩览图，将路径转换为选区。选中
"原图右"图层，执行"选择"→"修改"→"羽化"命令，将选区羽化 1 像素，如
图 4-22 所示。按 Ctrl+J 组合键，将选中部分复制为一个新图层，将图层命名为"抠图"。
隐藏"原图右"图层，效果如图 4-23 所示。

图 4-22　羽化选区

图 4-23　外轮廓抠图效果

（3）放大产品图片，选中"钢笔工具"，沿着产品内轮廓进行抠图，如图 4-24 所示。在"路径"面板中将路径存储为"内轮廓"。

图 4-24　内轮廓钢笔抠图

内轮廓抠图
.mp4

（4）按住 Ctrl 键，鼠标左键单击内轮廓路径缩览图，将路径转换为选区。选中"抠图"图层，执行"选择"→"修改"→"羽化"命令，将选区羽化 1 像素，按 Delete 键，将选中部分删除。

（5）放大产品图片，选中"魔棒工具"，再选中耳机耳套连接处的白色，按 Delete 键进行删除。此时，完成产品抠图，效果如图 4-25 所示。

图 4-25　抠图效果

瑕疵修补 .mp4

第 04 步： 外形修整和瑕疵修补。

复制图层"抠图"为一个新图层，命名为"瑕疵修补"。按住 Alt 键并用鼠标左键单击"图层"面板中"抠图""瑕疵修补"这两个图层的分界线，创建剪贴蒙版。注：剪贴蒙版可使用某个图层的内容来遮盖其上方的图层。遮盖效果由底部图层或基底图层的内容决定。基底图层的非透明内容将在剪贴蒙版中裁剪（显示）它上方的图层内容。剪贴图层中的所有其他内容将被遮盖掉。

选中"瑕疵修补"图层，使用"修补工具""污点修复画笔工具""涂抹工具""画笔工具"修补图 4-26 所示的瑕疵。修补前后效果对比如图 4-26 所示。

图 4-26 瑕疵修补前后效果对比

第 05 步：加强明暗对比。

（1）添加新图层"提亮"。设置图层混合模式为"滤色"。按住 Alt 键并用鼠标左键在"图层"面板中"提亮""瑕疵修补"两个图层的分界线上单击，创建剪贴蒙版。

加强明暗 .mp4

（2）选中"提亮"图层，再选中"画笔工具"，设置前景色为 #8c8c8c，调整画笔的硬度为 0%，降低画笔的"不透明度"和"流量"值，随时调整画笔大小，在耳机的亮部进行涂抹。涂抹后，可根据需要来调整图层的不透明度。

（3）添加新图层"压暗"。设置图层混合模式为"正片叠底"。按住 Alt 键并用鼠标左键在"图层"面板中"提亮""压暗"两个图层的分界线上单击，创建剪贴蒙版。

（4）选中"压暗"图层，再选中"画笔工具"，设置前景色为 #8c8c8c，调整画笔的硬度为 0%，降低画笔的"不透明度"和"流量"值，随时调整画笔大小，在耳机的暗部进行涂抹。涂抹后，可根据需要来调整图层的不透明度。

设置阴影及盖印图层 .mp4

第 06 步：设置产品阴影。

（1）在"原图右"图层的上方新建一个图层，命名为"背景光"。选中"画笔工具"，设置前景色为白色，硬度为0%，画笔大小为1000，在产品位置单击，添加背景光效。

（2）在"背景光"图层的上方新建一个图层，命名为"落地"。按住Ctrl键并用鼠标左键单击"抠图"图层缩览图，得到产品外轮廓选区。按Alt+E+S组合键，进行描边设置，设置宽度为"1像素"，颜色为黑色，位置为"居外"，如图4-27所示，单击"确定"按钮，得到产品外描边效果，如图4-28所示。用"矩形选框工具"选择上方轮廓，按Delete键删除，只留下耳塞与地面的线条。

图4-27　描边设置

图4-28　外描边效果

（3）在"背景光"图层的上方新建一个图层，命名为"阴影右"。选中"画笔工具"，设置前景色为黑色，硬度为0%，画笔大小为60，在产品的右耳塞的下方位置单击，添加阴影。按Ctrl+T组合键，对阴影进行自由变换，调整阴影的形状、大小和位置，调整图层不透明度为50%。

（4）复制"阴影右"图层，改名为"阴影左"。按Ctrl+T组合键，对阴影进行自由变换，调整阴影的形状、大小和位置。到此，本项目制作完毕，产品修图效果如图4-29所示。

图4-29　最终修图效果

第 07 步： 盖印图层。

选中最上面的"压暗"图层，按 Ctrl+Shift+Alt+E 组合键，将该图层及下方的所有可见图层合并为一个新图层，命名为"合成"。产品修图前后对比如图 4-30 所示，此时"图层"面板内容如图 4-31 所示。

图 4-30 产品图片修图前后对比

图 4-31 "图层"面板内容

4.3.3 相关知识点讲解

图层的混合模式确定了其像素如何与图像中的下层像素进行混合。使用混合模式可以创建各种特殊效果，包括变暗模式、变亮模式、中性模式、颜色模式。

变暗模式：变暗、正片叠底、颜色加深、线性加深、深色。

变亮模式：变亮、滤色、颜色减淡、线性减淡（添加）、浅色。

中性模式：叠加、柔光、强光、亮光、线性光、点光、实色混合。

颜色模式：色相、饱和度、颜色、明度。

在产品修图时，经常会使用到"叠加""正片叠底""滤色""颜色加深""颜色减淡"这几种图层混合模式。

叠加：对颜色进行正片叠底或过滤，具体取决于基色。图案或颜色在现有像素上叠加，同时保留基色的明暗对比。不替换基色，但基色与混合色相混以反映原色的亮度或暗度。

正片叠底：查看每个通道中的颜色信息，并将基色与混合色进行正片叠加，结果色总是较暗的颜色。任何颜色与黑色正片叠底产生黑色，任何颜色与白色正片叠底保持不变。用黑色或白色以外的颜色绘画时，绘画工具绘制的连续描边会产生逐渐变暗的颜色。这与使用多个标记笔在图像上绘图的效果相似。

滤色：查看每个通道的颜色信息，并将混合色的互补色与基色进行正片叠底，结果色总是较亮的颜色。用黑色过滤时颜色保持不变，用白色过滤时将产生白色。此效果类似于多个摄影幻灯片在彼此之上投影。

颜色加深：查看每个通道中的颜色信息，并通过增加二者之间的对比度使基色变暗以反映出混合色。与白色混合后不产生变化。

颜色减淡：查看每个通道中的颜色信息，并通过减小二者之间的对比度使基色变亮以反映出混合色。与黑色混合则不发生变化。

以上图层混合模式效果如图 4-32 和图 4-33 所示，它们在光影修图中的应用如图 4-34 所示。

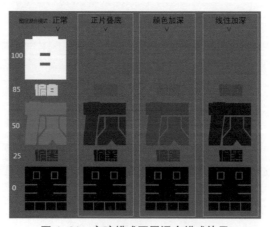

图 4-32　变暗模式图层混合模式效果

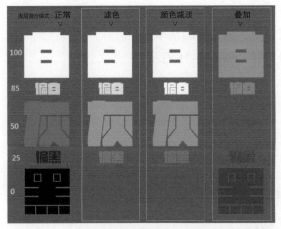

图 4-33 变亮模式和中性模式图层混合模式效果

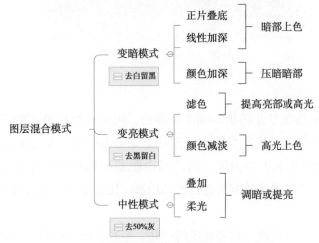

图 4-34 图层混合模式在光影修补中的应用

4.4 项目二：保湿霜产品精修

4.4.1 项目背景分析

1. 项目背景

本项目要求完成一个草莓牛奶保湿爆水霜产品的精修。

通过本项目案例的学习，读者能够掌握钢笔抠图、色阶调整、画笔描边、自由变换、高斯模糊、图层蒙版、调色等的基本应用。

已有商品的拍摄素材，如图 4-35 所示。

图 4-35　素材图

精修过程 .mp4

2. 制作思路

因产品照片不是在专业的摄影棚中拍摄的，用手机拍摄得到的产品图片整体偏灰暗，偏色严重，尤其是白色瓶身部分。图片上光影不明显，不够吸引买家的眼球。另外，Logo 位置偏左且文字不清晰。因产品由瓶盖和瓶身两大部分组成，结构较为简单，采用重新绘制产品图片的方法进行产品精修，比在原图上进行颜色、光影调整会更快更好。

此产品由塑料材质构成。塑料材质的产品，当光投向产品时，光源模糊，明暗过渡均匀，反射较小。此产品左右对称，可以重绘成双侧光的光影。

首先用钢笔工具抠出产品各个组成部分，为每部分画出边缘暗部和反光，以表现产品结构，并添加亮部和高光等细节，丰富光影层次，最后为产品添加投影、倒影和背景，完成保湿爆水霜产品精修。

3. 案例展示

产品修图前后对比如图 4-36 所示。

图 4-36　产品修图前后对比

4.4.2 项目实现

第 01 步：新建文档。

（1）打开 Photoshop 软件，单击"新建"按钮，打开"新建文档"
对话框，设置文档尺寸为宽度 1600 像素，高度 800 像素，方向选择
"横向"，分辨率保持默认的 72 像素 / 英寸，颜色模式选择"RGB 颜色，
8 位"，其他保持默认，单击"创建"按钮，如图 4–37 所示。

新建文档 .mp4

图 4–37　新建文档

（2）拉出一条参考线，将画布左右均分。导入产品图片，在画布左右均放置一个，
调整好位置，如图 4–38 所示。

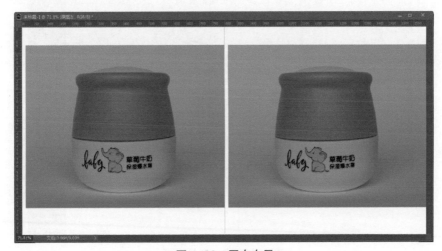

图 4–38　画布布局

（3）将文件存储为"保湿霜产品精修"。此时，"图层"面板中的图层，如图 4-39
所示。

图 4-39 "图层"面板内容

修型 .mp4

第 02 步：修正产品形状。

（1）选择"视图"菜单中的"标尺"选项，在产品边缘拉出参考线，按 Ctrl+T 组
合键，对产品图片进行自由变换，如图 4-40 所示，纠正产品歪斜。

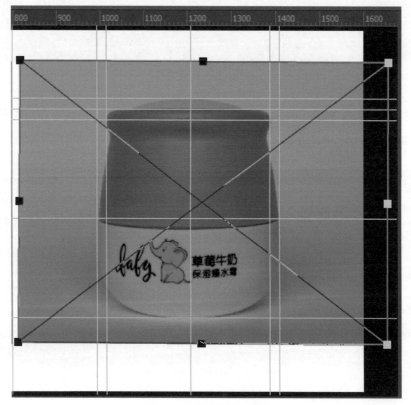

图 4-40 自由变换调整

（2）调整好产品的基本形态后，在"图层"面板中右键单击图层名称"原图右 拷贝"处，在弹出的菜单中选择"栅格化图层"命令。取消选择"视图"菜单中的"显示额外内容"选项，隐藏所有的参考线。

抠图 .mp4

第 03 步： 产品抠图。

（1）放大产品图片，选中"钢笔工具"，产品图片分为瓶盖上、瓶盖下、瓶身三部分，依次进行抠图。注意，路径要保持光滑，路径分别保存为瓶盖上部、瓶盖下部、瓶身，如图 4-41 所示。

（2）按住 Ctrl 键，鼠标左键单击"路径"面板中的"瓶盖下部"路径缩览图，将路径转换为选区。选中"原图右 拷贝"图层，执行"选择"→"修改"→"羽

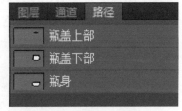

图 4-41 "路径"面板内容

化"命令，将选区羽化 1 像素，按 Ctrl+J 组合键，将选中部分复制为一个新图层，将图层命名为"瓶盖下部"。

（3）按住 Ctrl 键，鼠标左键单击"路径"面板中的"瓶盖上部"路径缩览图，将路径转换为选区。选中"原图右 拷贝"图层，执行"选择"→"修改"→"羽化"命令，将选区羽化 1 像素，按 Ctrl+J 组合键，将选中部分复制为一个新图层，将图层命名为"瓶盖上部"。

（4）按住 Ctrl 键，鼠标左键单击"路径"面板中的"瓶身"路径缩览图，将路径转换为选区。选中"原图右 拷贝"图层，执行"选择"→"修改"→"羽化"命令，将选区羽化 1 像素，按 Ctrl+J 组合键，将选中部分复制为一个新图层，将图层命名为"瓶身"。

（5）隐藏"原图右 拷贝"图层，检查三个图层组成的产品图片是否准确。如果不准确，修改路径后重新复制为新图层。注：按照这三个图层的上下排列顺序，瓶盖下部会盖住另两个图层，所以瓶盖下部的路径必须准确，其他两个图层不要与瓶盖下部分离即可。

（6）在"图层"面板中的"瓶身"图层的上方创建新组，并命名为"瓶身组"。按住 Ctrl 键，鼠标左键单击"路径"面板中的"瓶身"路径缩览图，将路径转换为选区。选中"瓶身组"图层，给选区添加一个图层蒙版。用鼠标左键将"瓶身"图层拖入该组。

（7）同样的方法，建立组"瓶盖上部组""瓶盖下部组"，此时，"图层"面板中的内容，如图 4-42 所示。

图 4-42 产品抠图"图层"面板内容

第 04 步： 绘制瓶盖上部。

绘制瓶盖上　绘制瓶盖上
部 1.mp4　　部 2.mp4

（1）选中"原图左"图层，按 Ctrl+L 组合键，打开"色阶调整"面板，向左拖动最右的高光滑块，如图 4-43 所示。修改产品图片的白场，从而增大图像的色调范围，增强了图像的整体对比度，效果如图 4-44 所示。此时已纠正了产品图片的灰暗和偏色，便于观察和分析产品。

图 4-43　色阶调整设置

图 4-44　原图色阶调整效果

（2）为瓶盖上部填充颜色。在"瓶盖上部"组中，按住 Ctrl 键，鼠标左键单击"瓶盖上部"图层缩览图，建立图层选区。在"瓶盖上部"图层上方新建一个图层，并命名为"白色"。设置前景色为 92% 亮度的白色"#ebebeb"，按 Alt+Delete 组合键为该图层填充前景色。

（3）增加瓶盖上面的暗部。在"白色"图层上方新建图层，并命名为"上暗部"。利用"矩形选框工具"选中瓶盖上部，如图 4-45 所示。按住 Ctrl+Alt 组合键，用鼠标左键单击"瓶盖上部"图层缩览图，则在选区中减去瓶盖上部图形选区，得到新的选区，如图 4-46 所示。设置前景色为黑色，按 Alt+Delete 组合键，为该图层填充黑色。按 Ctrl+D 组合键，取消选区。执行"滤镜"→"模糊"→"高斯模糊"命令，对图层进行高斯模糊处理，其设置如图 4-47 所示。设置"上暗部"图层的不透明度为 13%，得到效果如图 4-48 所示。

图 4-45　选区 1

图 4-46　选区 2

图 4-47 高斯模糊设置

图 4-48 暗部效果

（4）增加瓶盖上面的亮部。在"上暗部"图层上方新建图层，并命名为"上高光"。打开"路径"面板，复制"瓶盖上部"路径为"瓶盖上部上高光"路径，选择工具栏中的"直接选择工具"，选择路径下部，进行删除，留下上面曲线路径部分。设置画笔大小为 2，硬度为 100%，颜色为 #ffffff，进行描边路径，其设置如图 4-49 所示。描边后，设置"上高光"图层的不透明度为 27%。为该图层添加图层蒙版，用黑色柔性画笔隐藏左右两头的高光。

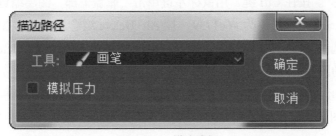

图 4-49 描边路径

（5）增加瓶盖下面的暗部。在"上高光"图层的上方新建图层，并命名为"下暗部"。在"瓶盖下部"组中，按住 Ctrl 键，鼠标左键单击"瓶盖下部"图层缩览图，建立图层选区。设置前景色为黑色，按 Alt+Delete 组合键，为该图层填充黑色。按 Ctrl+D 组合键，取消选区。执行"滤镜"→"模糊"→"高斯模糊"命令，半径设为 1px，对图层进行高斯模糊处理。设置"上暗部"图层的不透明度为 15%。如果位置不合适，可以通过"移动工具"进行调整。

（6）增加瓶盖下面的亮部。在"下暗部"图层的上方新建图层，并命名为"下高光"。用"钢笔工具"勾出瓶盖上部的下沿线，保存为路径"瓶盖上部下高光"。设置画笔大小为 2，硬度为 100%，颜色为 #ffffff，进行描边路径。描边后，设置"下高光"图层的不透明度为 27%。为该图层添加图层蒙版，用黑色柔性画笔隐藏左右两头的高光。此时，瓶盖上部绘制完成，"图层"面板如图 4-50 所示。

图 4-50 "图层"面板

第 05 步： 绘制瓶盖下部。

（1）为瓶盖下部填充颜色。"瓶盖下部"组中，在"瓶盖下部"图层的上方新建一个图层，并命名为"填色"。设置前景色为 #ee92b7，按 Alt+Delete 组合键，为该图层填充前景色。为增强质感，可执行"滤镜"→"杂色"→"添加杂色"命令。

（2）增加左边和右边的暗部。在"填色"图层的上方新建图层，并命名为"左暗部"。按住 Ctrl 键，用鼠标左键单击"瓶盖下部"图层缩览图，得到选区。设置前景色为 #6c1739，按 Alt+Delete 组合键，为该图层填充颜色。选中"矩形选框工具"，按方向键向右移动选区，按 Delete 键删除选区中的图像，效果如图 4-51 所示。

绘制瓶盖下部 .mp4

按 Ctrl+D 组合键，取消选区。执行"滤镜"→"模糊"→"高斯模糊"命令，对图层进行高斯模糊处理，模糊半径为 40px。设置"左暗部"图层的不透明度为 64%。

同样方法，增加右边的暗部效果，得到的效果如图 4-52 所示。

图 4-51 左边暗部填充

图 4-52 两边暗部效果

（3）增加上边和下边的暗部。新建图层，并命名为"上暗部"。利用"矩形选框工具"选中瓶盖上部，如图 4-53 所示。按住 Ctrl+Alt 组合键，用鼠标左键单击"瓶盖下部"图层缩览图，则在选区中减去瓶盖下部图形选区，得到新的选区，如图 4-54 所示。设置前景色为黑色，按 Alt+Delete 组合键，为该图层填充黑色。按 Ctrl+D 组合键，取消选区。执行"滤镜"→"模糊"→"高斯模糊"命令，对图层进行高斯模糊处理，半径设为 14px。设置"上暗部"图层的不透明度为 22%。

图 4-53　选区 1

图 4-54　选区 2

同样方法，增加下边的暗部效果，得到的效果如图 4-55 所示。

（4）增加中间的暗部。新建图层"中暗部 1"，用"钢笔工具"勾出路径，在"路径"面板中保存为路径"瓶盖下部中暗部"，如图 4-56 所示。

图 4-55　瓶盖下部上下暗部

图 4-56　暗部路径位置

选择"画笔工具"，设置颜色为 #6c1739，硬度为 100%，流量和不透明度为 100%，画笔大小为 20，进行描边路径。复制图层，并命名为"中暗部 2"，保存待用。执行"滤镜"→"模糊"→"高斯模糊"命令，半径设为 1px，对图层"中暗部 1"进行高斯模糊处理，设置半径为 22px。设置图层不透明度为 90%。

选中图层"中暗部 2"，执行"滤镜"→"模糊"→"高斯模糊"命令，半径设为 6px，进行高斯模糊处理。设置图层不透明度为 13%。得到的效果如图 4-57 所示。

图 4-57　暗部模糊效果

（5）增加左边和右边的小反光。新建图层，并命名为"左反光"。按住 Ctrl 键，用鼠标左键单击"瓶盖下部"图层缩览图，得到选区。设置前景色为白色，按 Alt+Delete 组合键，为该图层填充白色，如图 4-58 所示。选中"矩形选框工具"，按方向键向右移动选区，按 Delete 键删除选区中的图像。按 Ctrl+D 组合键，取消选区。选中"移动工具"，将图层往右移动一点。

执行"滤镜"→"模糊"→"高斯模糊"命令，对图层进行高斯模糊处理，模糊半径设为 2px。设置"左反光"图层的不透明度为 25%。对"左反光"图层添加图层蒙版，选用黑色柔性画笔，设置 20% 流量后，在蒙版中隐藏两头和中间的反光。

同样方法，增加右边的小反光效果，得到的效果如图 4-59 所示。

图 4-58 左边小反光填充　　　　　　　　图 4-59 左右小反光效果

（6）增加瓶盖下部的下面边缘高光。新建图层"下高光"，用"钢笔工具"勾出路径，在"路径"面板中保存为路径"瓶盖下部下高光"，如图 4-60 所示。

选择"画笔工具"，设置颜色为白色，硬度为 100%，流量和不透明度为 100%，画笔大小为 1px，进行描边路径。执行"滤镜"→"模糊"→"高斯模糊"命令，半径设为 1px，对"下高光"图层进行高斯模糊。设置图层不透明度为 57%。

（7）增加瓶盖下部左右两边的大高光。在"下高光"图层的上方新建图层，并命名为"左大高光"。按住 Ctrl 键，用鼠标左键单击"瓶盖下部"图层缩览图，得到选区。设置前景色为白色，按 Alt+Delete 组合键，为该图层填充颜色，如图 4-61 所示。选中"矩形选框工具"，按方向键向右移动选区，按 Delete 键删除选区中的图像。选中"移动工具"，将图层向右移动。

图 4-60 高光路径　　　　　　　　　图 4-61 左边大高光填充

执行"滤镜"→"模糊"→"高斯模糊"命令，对图层进行高斯模糊处理，模糊半径设为 32px。设置"左大高光"图层的不透明度为 38%。

为"左大高光"图层添加图层蒙版，选用黑色柔性画笔，设置 20% 流量后，在蒙版中隐藏上部的高光。

复制图层，并命名为"右大高光"，按 Ctrl+T 组合键，进行自由变换，右键单击，选择"水平翻转"命令，随后向右移动，得到的效果如图 4-62 所示。

（8）增加瓶盖上面的高光。新建图层"上高光"，用"钢笔工具"勾出路径，在"路径"面板中保存为路径"瓶盖下部上高光"，如图 4-63 所示。

图 4-62　瓶盖大高光效果　　　　　　图 4-63 上高光路径

选择"画笔工具"，设置颜色为白色，硬度为 100%，流量和不透明度为 100%，画笔大小为 6px，进行描边路径，选择"模拟压力"复选框，如图 4-64 所示。

图 4-64　描边路径

执行"滤镜"→"模糊"→"高斯模糊"命令，半径设为 4px，对"上高光"图层进行高斯模糊处理。设置图层不透明度为 40%，图层混合模式为"滤色"，得到的效果如图 4-65 所示。

图 4-65　高光效果

图 4-66 "瓶盖下部"组"图层"面板内容

"瓶盖下部"组"图层"面板内容如图 4-66 所示。

第 06 步：绘制瓶身。

（1）为瓶身填充颜色。在"瓶身"组中的"瓶身"图层上方新建一个图层，并命名为"白色填充"。设置前景色为 92% 的白色（#ebebeb），按 Alt+Delete 组合键，为该图层填充前景色。

（2）增加左边和右边的暗部。在"白色填充"图层的上方新建图层，并命名为"左暗部"。按住 Ctrl 键，用鼠标左键单击"瓶身"图层缩览图，得到选区。设置前景色为黑色，按 Alt+Delete 组合键，为该图层填充颜色。选中"矩形选框工具"，按方向键向右移动选区，按 Delete 键删除选区中的图像，如图 4-67 所示。

图 4-67 左边暗部填充

按 Ctrl+D 组合键，取消选区。执行"滤镜"→"模糊"→"高斯模糊"命令，对图层进行高斯模糊处理，模糊半径设为 40px。设置"左暗部"图层的不透明度为 20%。

同样方法，增加右边的暗部效果。

绘制瓶身暗部 .mp4

（3）增加瓶盖与瓶身之间的中缝。新建图层，并命名为"中缝"。设置前景色为 #9b2333，画笔硬度为 100%，画笔大小为 6px，流量和不透明度为 100%。在"路径"面板中选择"瓶盖下部下高光"路径，进行描边路径（注意不要勾选"模拟压力"复选框）。

选中"中缝"图层，用"移动工具"将描边下移 2px，对图层进行高斯模糊处理，半径设为 1.5px。

为图层添加图层蒙版，选用黑色柔性画笔，设置 30% 流量后，刷去中缝左右两端。设置图层不透明度为 90%。

（4）增加上边和下边的暗部。新建图层，并命名为"底暗部"。利用"矩形选框工具"选中瓶身下部，如图 4-68 所示。按住 Ctrl+Alt 组合键，用鼠标左键单击"瓶身"

图层缩览图，则在选区中减去瓶身选区，得到新的选区，如图 4-69 所示。设置前景色为黑色，按 Alt+Delete 组合键，为该图层填充黑色。按 Ctrl+D 组合键，取消选区。执行"滤镜"→"模糊"→"高斯模糊"命令，对图层进行高斯模糊处理，半径设为 16px。设置"底暗部"图层的不透明度为 10%。

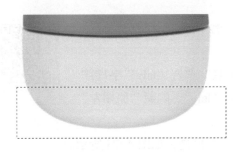

图 4-68　选区 1　　　　　　　　　　　　　　　　　图 4-69　选区 2

同样方法，增加上边的暗部效果，得到的效果如图 4-70 所示。

（5）增加左边和右边的小反光。新建图层，并命名为"左反光"。按住 Ctrl 键，用鼠标左键单击"瓶身"图层缩览图，得到选区。设置前景色为白色，按 Alt+Delete 组合键，为该图层填充白色，如图 4-71 所示。选中"矩形选框工具"，按方向键向右移动选区，按 Delete 键删除选区中的图像。按 Ctrl+D 组合键，取消选区。选中"移动工具"，将图层往右移动 3px。

绘制瓶身亮部 .mp4

图 4-70　上下边的暗部效果　　　　　　　　　　　图 4-71 左反光填充

执行"滤镜"→"模糊"→"高斯模糊"命令，对图层进行高斯模糊处理，模糊半径设为 2px。设置"左反光"图层的不透明度为 65%。对"左反光"图层添加图层蒙版，选用黑色柔性画笔，设置 20% 流量后，在蒙版中隐藏上下两头的反光。

同样方法，增加右边的小反光效果。

（6）增加瓶身上边缘高光。新建图层"上高光锐利"，在"路径"面板中选中路径"瓶盖下部下高光"，选择"画笔工具"，设置颜色为白色，硬度为 100%，流量和不透明度为 100%，画笔大小为 2px，进行描边路径。选中图层，向下移动 6px。按 Ctrl+T 组合键自由变换，往左右两边拉长高光，使其达到瓶身边缘。设置图层不透明度为 70%。

复制该图层为"上高光模糊",将图层拉到"上高光锐利"图层的下面,执行"滤镜"→"模糊"→"高斯模糊"命令,半径设为 2px,进行高斯模糊处理。设置图层不透明度为 80%,增加高光层次感。

(7)增加瓶身左右两边的大高光,将图层混合模式设为"滤色"。注意中缝部分和瓶底部分不要出现。

(8)增加底部的小反光。得到的效果如图 4-72 所示。

第 07 步:制作产品 Logo 标签。

(1)选中"原图左"图层,用"矩形选框工具"框选"laly"字母部分,按 Ctrl+J 组合键,复制为新图层,并命名为"laly"。隐藏"原图左"图层。

制作产品
Logo.mp4

选中"laly"图层,用"橡皮擦工具"擦去象鼻痕迹,如图 4-73 所示。

图 4-72　瓶身光影效果　　　　　　　　　　图 4-73　字母图层

按 Ctrl+L 组合键,打开"色阶调整"面板,将最右的高光滑块向左拖动,如图 4-74 所示。

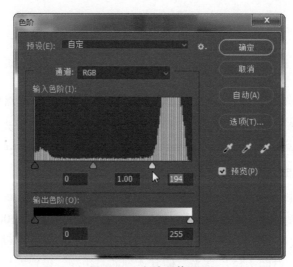

图 4-74　色阶调整设置

用"魔棒工具"选取白色，按 Delete 键进行删除。按 Ctrl+D 组合键，取消选区，得到 laly 字母。将 laly 字母用"移动工具"移动到瓶身标签处，并将图层移入"瓶身组"的图层"白色填充"上面。

（2）选中图层"原图左"，用"矩形选框工具"框选小象图像部分，按 Ctrl+J 组合键，复制为新图层。隐藏"原图左"图层。在新图层中用"橡皮擦工具"擦去其他部分，如图 4-75 所示。

按 Ctrl+L 组合键，打开"色阶调整"面板，将最右的高光滑块向左拖动，如图 4-76 所示，将背景变为白色。

用"魔棒工具"选取小象外面的白色（注意勾选"连续"复选框），按 Delete 键进行删除。按 Ctrl+D 组合键，取消选区。按住 Ctrl 键，单击新图层的缩览图，得到小象选区。选中"原图左"图层，按 Ctrl+J 组合键，复制为新图层，并命名为"小象"。

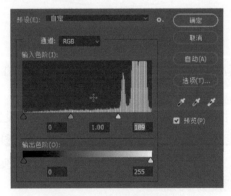

图 4-75　小象图层

将小象图形用"移动工具"移动到瓶身标签处，并将"小象"图层移入"瓶身组"的"laly"图层上面。

（3）用"横排文字工具"输入"草莓牛奶"（字体微软雅黑，字号 26，Bold）；"保湿爆水霜"（字体微软雅黑，字号 20，Bold）。调整好位置，再分别按 Ctrl+T 组合键自由变换，右击选择"斜切"命令，调整文字横向略微上斜，与瓶身上沿平行，得到的效果如图 4-77 所示。

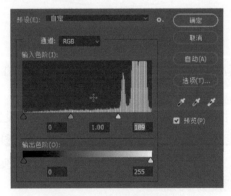

图 4-76　色阶调整设置

图 4-77　Logo 标签

此时，瓶身组的"图层"面板内容如图 4-78 所示。

第 08 步：制作投影

（1）制作瓶身接地线。在"原图右 拷贝"图层的上面新建图层，并命名为"接地线"。按住 Ctrl 键，单击"路径"面板"瓶身"路径的缩览图，得到瓶身选区。按 Alt+E+S 组合键，进行描边设置，设置宽度为"2像素"，颜色为黑色，位置为"居外"，单击"确定"按钮，得到瓶身外描边。用"矩形选框工具"选择上方轮廓，按 Delete 键删除，只留下瓶身底部的线条，如图 4-79 所示。

绘制投影和
倒影 .mp4

图 4-78　瓶身组"图层"面板内容

图 4-79　瓶底线条

使用"高斯模糊"，半径设为 2px，进行高斯模糊处理，用柔性画笔擦去两端。设置图层不透明度为 30%。

（2）制作瓶身投影。在"原图右拷贝"图层的上面新建图层，并命名为"投影"。选中"画笔工具"，设置前景色为黑色，硬度为 0%，画笔大小为 60，流量和不透明度为 100%，在瓶身下方位置单击，添加阴影。按 Ctrl+T 组合键，对阴影进行自由变换，调整阴影形状、大小和位置，调整图层不透明度为 50%。

图 4-80　投影

复制"投影"图层，按 Ctrl+T 组合键，调整阴影形状、大小和位置，使投影范围变大，调整图层不透明度。由此得到两层虚实不一的投影，如图 4-80 所示。

（3）制作瓶身倒影。只显示"瓶盖下部组""瓶盖上部组""瓶身组"，隐藏其他图层，选中"瓶盖下部组"，按 Ctrl+Alt+Shift+E 组合键，将选中图层及下方的所有可见图层合并成一个新的图层，并命名为"合并"。按 Ctrl+J 组合键，复制该图层为"倒影"。将"倒影"移动到"原图右拷贝"图层上面。

按 Ctrl+T 组合键，对阴影进行自由变换，右键单击方框内，选择"垂直翻转"选项，按 Enter 键确认。向下移动图层，按 Ctrl+T 组合键，右键单击方框内，选择"变形"选项，调整如图 4-81 所示，使两个瓶底贴合。

为"倒影"图层创建图层蒙版，设置前景色为黑色，选择"渐变工具"的"前景色到透明渐变"选项，选中"倒影"图层蒙版，从下往上拖动鼠标，设置倒影渐变。调整图层不透明度为 32%。倒影效果如图 4-82 所示。

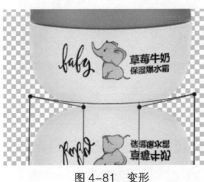

图 4-81 变形

图 4-82 倒影效果

（4）添加背景。选中"原图右 拷贝"图层，将准备好的背景图片拖入，调整背景图片的位置和大小，将图层命名为"背景"。为该图层创建调整图层"色相 / 饱和度"，按住 Alt 键并用鼠标左键单击两个图层的分界线，创建剪贴蒙版。调整背景图层的色相，使背景与产品的色调更协调。

"图层"面板中的投影等图层如图 4-83 所示。

产品精修后最终的效果如图 4-84 所示。

图 4-83 "图层"面板

图 4-84 产品精修图

到此，本项目制作完毕。

4.4.3 相关知识点

因光源的多样性，物体的光影表现也丰富多彩。在产品表现中根据光源的个数和方向，一般分为单侧光、对称光、中亮光，其光影关系特点如图 4-85 所示。

单侧光

反光　　主光面　　明暗交界线　辅光面　反光

中亮光

反光　　　　　主光面　　　　　反光

对称光

反光　　主光面　明暗交界线　主光面　反光

金属材质呈现出来的光感

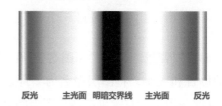

反光　　主光面　明暗交界线　主光面　反光

图 4-85　不同光源和材质的光影关系

4.5 项目三：洗涤剂设计修图

4.5.1 项目背景分析

1. 项目背景

本项目要求完成一瓶蓝月亮白色衣物色渍净产品的设计修图。

通过本项目案例的学习，读者能够掌握钢笔抠图、画笔运用、涂抹

项目分析
.mp4

工具、修补工具、调色、锐化高反差保留等的基本应用

已有商品的拍摄素材，如图 4-86 所示。

2. 制作思路

因产品图片是用手机在室内自然光环境下拍摄
的，产品整体偏灰暗，图片上光影不明显，不够吸
引客户眼球。另外，产品标签用的是非常光滑的塑
料纸，将环境、相机和人物阴影都映照了出来。因
产品照片失真不严重，整体质量还可以，通过对原
图进行修图还是比较方便的。

此产品由塑料材质构成，明暗过渡均匀，反射
较小，可以制作成最常用的单侧光照射的光影。

首先用钢笔工具抠出产品，修正产品的形态，
调整产品颜色，在合适的地方加强明暗对比，丰富光
影层次，凸显产品的结构和质感，最后为产品设计
一个背景，完成产品图片的设计修图。

图 4-86 素材图

3. 案例展示

修图前后的产品图片对比如图 4-87 所示。

图 4-87 修图前后的产品对比效果

4.5.2 项目实现

第 01 步：新建文档。

打开 Photoshop 软件，执行"文件"→"打开"命令，选择"蓝月亮白色衣物色渍
净素材文件"并打开，将背景图层重命名为"原图"，将文件另存为"蓝月亮白色衣物

色渍净修图"。

第 02 步： 产品抠图。

放大产品图片，选中"钢笔工具"沿着产品外轮廓建立闭合路径，在"路径"面板中将路径保存为"外轮廓"。注意路径要保持光滑。

按住 Ctrl 键，用鼠标左键单击"外轮廓"路径缩览图，得到选区。在"图层"面板中选中"原图"图层，按 Ctrl+J 组合键，将选区内容复制为新图层，并命名为"抠图整形"，将图层转换为智能对象。隐藏"原图"图层，在图层上方新建图层，用浅灰色填充（便于观察抠图边缘），将图层命名为"背景"，此时的"图层"面板如图 4-88 所示。

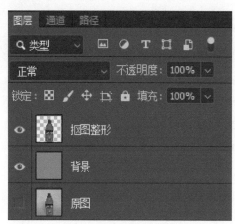

图 4-88　"图层"面板

产品抠图
.mp4

修正形态
.mp4

第 03 步： 修正产品形态。

（1）选择"视图"菜单中的"标尺"选项，用"移动工具"从标尺处拉出参考线，对产品图片的歪斜进行纠正。

注：先在产品左边拉一条参考线，按 Ctrl+T 组合键，对产品图片进行自由变换，使产品标签左侧对齐参考线，保证产品垂直显示。右键单击，从弹出菜单中选择"斜切"，对产品右下角进行调整，纠正产品整体变形；然后选择"变形"选项，纠正产品局部的变形。

修正后将"抠图整形"图层栅格化，此时产品显示如图 4-89 所示。

取消"视图"菜单中的"显示额外内容"选项，或按 Ctrl+H 组合键，以隐藏所有的参考线。

第 04 步： 瑕疵修补。

（1）复制"抠图整形"图层，将复制的

图 4-89　参考线

瑕疵修补
.mp4

图层命名为"瑕疵修补"。注意，为了可以随时从前面状态重新开始，应及时保存。

（2）观察产品图 4-90 中几处瑕疵。例如，周边的黑边或白边，标签左上角有褶皱，可以用"涂抹工具"修补，注意，操作时需要锁定图层中的透明元素，或设置好选区，并设置硬度为 0% 的画笔进行涂抹。

（3）瓶盖有一块刮擦，可以用"修补工具"进行修补。

（4）产品标签上部需要重新填充渐变颜色进行覆盖。

在"瑕疵修补"图层的上方新建一个新图层，并命名为"标签补色"。选择"渐变工具"中的"黑白渐变"选项，调整为从深蓝到浅蓝的渐变，如图 4-91 所示。

使用"钢笔工具"勾出产品标签蓝色部分，保存路径为"标签蓝色"。按住 Ctrl 键，用鼠标左键单击"标签蓝色"路径缩览图，得到选区，使用"渐变工具"，从上往下进行渐变填充，效果如图 4-92 所示。

图 4-90　瑕疵

为"标签补色"图层创建剪贴蒙版，设置前景色为黑色，选择"渐变工具"中的"从前景色到透明"渐变，选中剪贴蒙版，从标签下部往上部拖动（注：蒙版中的黑色区域表示不显示）来设置渐变，得到的效果如图 4-93 所示。

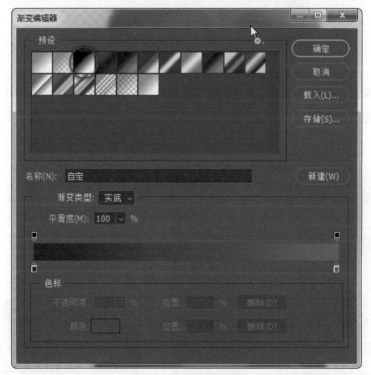

图 4-91　渐变编辑器

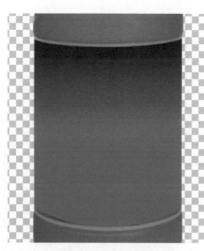

图 4-92 渐变填充

图 4-93 蒙版效果

接下来需要重新加上"蓝色月光"文字。选中"瑕疵修补"图层，使用"矩形选框工具"选取文字部分，按 Ctrl+J 组合键，将选区内容复制为新图层，用"橡皮擦工具"擦去其他部分，如图 4-94 所示。

图 4-94 文字图层

执行"图像"→"调整"→"黑白"或"去色"命令，然后按 Ctrl+L 组合键，打开"色阶调整"面板进行调整，如图 4-95 所示，使白色文字与背景拉开，效果如图 4-96 所示。

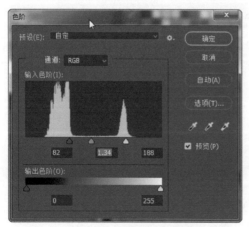

图 4-95 色阶调整

图 4-96 文字图层

使用"魔棒工具"选中白色区域，将文字选取出来，执行"选择"→"修改"→"平滑"命令，将选区平滑 1px。重新选中"瑕疵修补"图层，按 Ctrl+J 组合键，将选区内容复制为新图层，并命名为"蓝色月光文字"，调整图层位置，将"文字"图层放到"标签补色"图层的上面，效果如图 4-97 所示。此时的"图层"面板如图 4-98 所示。

图 4-97　Logo 文字添加

图 4-98　"图层"面板

第 05 步： 产品颜色调整。

（1）色阶调整。在"图层"面板中添加一个"色阶"调整图层，拖动阴影和高光滑块进行调整，如图 4-99 所示。

（2）色彩饱和度调整。添加一个"色相 / 饱和度"调整图层，提高产品图片的色彩饱和度，如图 4-100 所示。

颜色和光影细
节调整 .mp4

图 4-99　色阶调整

图 4-100　色彩饱和度调整

第 06 步：添加光影细节。

（1）光影修改的思路是假设产品左侧有主光源照射，那么产品左边是主光面，右边是辅光面；产品边缘有反光；在产品连接或转折处增强明暗对比，以凸显产品结构。为了让光影调整不超出产品范围，在蓝色月光"文字"图层上面创建新组，将组名命名为"光影细节"。按住 Ctrl 键，用鼠标左键单击"瑕疵修补"图层缩览图，得到产品选区，为"光影细节"组添加图层蒙版。

（2）瓶盖添加主光面。用"钢笔工具"勾出瓶盖的轮廓，在"路径"面板中保存路径为"瓶盖"。按住 Ctrl 键，用鼠标左键单击"瓶盖"路径缩览图，得到瓶盖选区；切换到"图层"面板，添加一个调整图层"曲线"，并命名为"曲线瓶盖亮部"，将此调整图层拖入到"光影细节"组中。在"曲线"面板中增强瓶盖亮部，如图 4-101 所示。

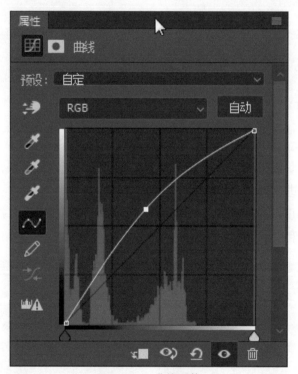

图 4-101　曲线调整

设置前景色为黑色，在蒙版中选择"渐变工具"中的"从前景色到透明"渐变，再选中剪贴蒙版，从瓶盖右侧往左侧拖动，操作方法如图 4-102 所示，设置渐变，得到瓶盖左侧提亮、右侧不提亮的效果，如图 4-103 所示。设置"曲线瓶盖亮部"图层的不透明度为 5%。

图 4-102 渐变拖动

图 4-103 渐变蒙版效果

（3）瓶盖添加高光。在"图层"面板中，在"曲线瓶盖亮部"图层的上方新建一个图层，并命名为"瓶盖高光"，选中此图层。选择"钢笔工具"，勾出瓶盖上的 3 个高光处，将路径保存为"瓶盖高光"，如图 4-104 所示。

设置画笔硬度为 100%，颜色为白色，流量和不透明度为 100%，画笔大小为 3px，在"路径"面板中选中"瓶盖高光"路径，勾选"模拟压力"复选框，如图 4-105 所示，进行描边路径，效果如图 4-106 所示。

图 4-104 瓶盖高光绘制

图 4-105 描边路径

图 4-106 高光路径

回到"图层"面板，选中"瓶盖高光"图层，执行"滤镜"→"模糊"→"高斯模糊"命令，半径设为 3px，对图层进行高斯模糊处理。设置图层不透明度为 60%，图层混合模式为"滤色"。

（4）瓶身凹陷处颜色加深。瓶身有 5 处凹陷，如图 4-107 所示，第 1 处和第 2 处的凹陷是线形的，所以颜色加深的方法是用钢笔勾出线条，用黑色硬性画笔进行描边路径，再进行适当的高斯模糊处理；其中第 2 处凹陷稍复杂一些，对光面不应出现暗处，因此，整体加深后使用蒙版将对光区域的暗线隐藏；第3处和第4处的凹陷是一个区域，颜色加深的方法是用钢笔工具勾出范围，并转换为选区，用深蓝色填充后进行适当的高斯模糊处理，最后根据实际效果调整图层的不透明度。这里省略详细的截图。注意，最好不要将路径都存在一起，分开存放可以按不同的画笔进行描边，以实现各处不同的效果。

图 4-107　瓶身凹陷处

第5处凹陷是一个区域，但因为范围较大，整个凹陷不是同等程度的变暗，而是有个渐变的过程。因此先用"钢笔工具"勾出圆形凹陷区，将路径转换为选区，执行"选择"→"修改"→"羽化"命令，对选区进行适当羽化后，保持选区被选中状态，对该区域添加调整图层"曲线"整体拉暗，最后选中曲线的图层蒙版，使用"渐变工具"，沿着变暗的方向实现明暗过渡。

（5）添加瓶身凹陷处边缘的高光。在物体面的转折处一般都会有高光，在上面5个凹陷处的边缘分别添加合适的高光，进一步加强明暗对比，能凸显出物体的结构。制作高光，一般都先用钢笔工具勾出线条，再用白色硬性画笔进行描边路径，进行适当的高斯模糊处理，并根据实际效果调整图层的不透明度。特别指出，高光都是中间比两端明显，因此在描边路径时，需要勾选"模拟压力"复选框。这里省略详细的截图。明暗加强后，产品修图效果如图 4-108 所示。

（5）瓶身添加主光和辅光。在"图层"面板中"瓶盖高光"图层的上方新建一个图层，并命名为"瓶身主光"，选中此图层。选择"钢笔工具"，勾出瓶身上的主光路径，将路径保存为"瓶身主光"，如图 4-109 所示。

图 4-108　增强明暗效果　　　　图 4-109 瓶身主光路径

设置画笔硬度为 100%，颜色为白色，流量和不透明度为 100%，画笔大小为 70px，在"路径"面板中选中"瓶盖高光"路径，不勾选"模拟压力"复选框，进行描边路径，效果如图 4-110 所示。

回到"图层"面板，选中"瓶身主光"图层，执行"滤镜"→"模糊"→"高斯模糊"命令，半径设为 100px，对图层进行高斯模糊处理。设置图层不透明度为 60%，图层混合模式为"滤色"。

使用同样的方法，制作瓶身右侧的辅光，并图层命名为"瓶身辅光"。主光与辅光的强度对比如图 4-111 所示（注：图片上是对主光和辅光进行颜色反相后的效果）。

（6）瓶底厚部修图。产品底部都有一个厚度，这样产品才能立起来，该处的颜色会深一点。在"瑕疵修补"图层的上方新建一个图层，并命名为"底部厚度"。按住 Ctrl 键，用鼠标左键单击"瑕疵修补"图层缩览图，得到产品选区，设置前景色为 #042c4a，按 Alt+Delete 组合键，为该图层填充前景色。选中"矩形选框工具"，将选区上移 8 个像素后，按 Delete 键删除选区内容，并按 Ctrl+D 组合键，取消选区。执行"滤镜"→"模糊"→"高斯模糊"命令，对图层进行高斯模糊处理，模糊半径设为 21px。设置"底部厚度"图层的不透明度为 80%。此时产品修图后效果如图 4-112 所示。

图 4-110 描边路径效果　　图 4-111 主光和辅光对比　　图 4-112 产品底部效果

（7）"盖印"图层。按 Ctrl+Alt+Shift+E 组合键盖印图层，并命名为"盖印"。最后保存文件，此时的"图层"面板如图 4-113 所示。其中，"光影细节"组中的图层如图 4-114 所示。

第 07 步：添加环境。

单击"新建"按钮，打开"新建文档"对话框，设置文档尺寸为宽度 800 像素，高度 800 像素，方向选择"横向"，分辨率保持默认的 72 像素/英寸，颜色模式选择"RGB 颜色，8 位"，其他保持默认，单击

添加环境和
锐化 .mp4

"创建"按钮,将文件保存为"蓝月亮白色衣物色渍净主图"。

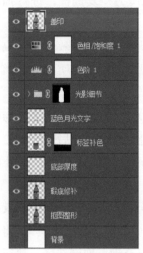

图 4-113 "图层"面板

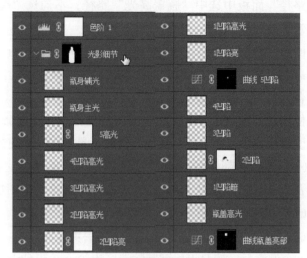

图 4-114 "光影细节"组中的图层

回到"蓝月亮白色衣物色渍净修图",右键单击图层"盖印"的图层名称,选择 "复制图层"选项,将"盖印"图层复制到新建文件"蓝月亮白色衣物色渍净主图"中, 如图 4-115 所示。

图 4-115 复制图层

右键单击"蓝月亮白色衣物色渍净主图"文件中的"盖印"的图层名称,选择"转 换为智能对象"选项。按 Ctrl+T 组合键,对产品图片进行自由变换和等比例缩放。调 整好产品在文件中的大小和位置。最后为产品添加浅蓝色背景,以及倒影、阴影。

第 08 步:锐化高反差保留。

复制"盖印"图层,并命名为"高反差保留",右击选择"栅格化图层"选项,将 智能对象栅格化,并将图层混合模式设为"线性光",使用"滤镜"→"其他"→"高反差保留"命令，这里半径设为 0.7 像素，如图 4-116 所示。

为"锐化"图层添加图层蒙版，使用黑色柔性画笔，隐藏瓶身处的锐化效果，只需显示出瓶盖、产品标签、产品 Logo 的锐化效果。产品主图效果如图 4-117 所示。

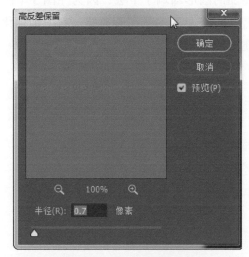

图 4-116　高反差保留设置

图 4-117　产品主图

4.5.3 相关知识点说明

凸显物体结构感、立体感的一个方法是强化亮部和暗部。首先，明暗可以塑造物体的体积感。图 4-118 左图中各面没有明暗变化，看起来只是一个多边形；右图中各面有了明暗变化，看起来是一个正方体。

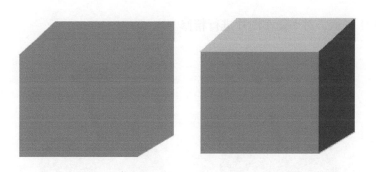

图 4-118 正方体

如图 4-119 所示的圆片，因为有了明度的变化，看起来圆片不是平的，亮部鼓出来，暗部则塌下去。由于明暗关系的影响，有了凸出与凹陷的视觉效果。一般来说，颜

图 4-119　圆片

色越亮就越凸出。因此，明度是决定画面凹凸的基本要素，在此基础上，进行强化边缘则更能增强纵深感。

图 4-120 左右两边的 3 个圆形，它们的颜色明度关系都是 1>2>3，但左图中 3 个叠加的圆形却塌了下去，因为左图 3 个圆形粘在了一起，失去了空间感，从而失去了距离感。右图则强化了边缘，使 1 和 2 的凸出感就出来了。

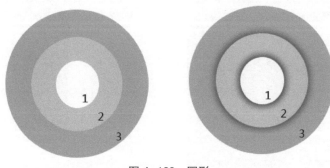

图 4-120　圆形

4.6 拓展项目：平衡车精修

如图 4-121 所示，对平衡车图片进行精修。

图 4-121　平衡车精修

第 5 章

电商 Banner 制作

 学习目标

- 了解电商 Banner 设计的基本常识，能够完成 Banner 的设计与制作。
- 掌握图层的概念及应用，熟练掌握图层样式，使其满足 Banner 设计需要。
- 熟练掌握图层蒙版、剪贴蒙版，能够灵活运用蒙版进行图像设计。

5.1 电商 Banner 设计简介

5.1.1 Banner 广告分类

Banner 广告，也称为旗帜广告，一般作为网站页面的横幅广告，是互联网广告中最基本的表现形式。

横幅广告通常为 7 英寸长 1 英寸宽，或 468px×60px 左右。它的尺寸在一定范围内可以变化。按照互动广告局（Interactive Advertising Bureau）的规范，468px×60px 的 Banner 称为全横幅广告（Full Banner），234px×60px 的 Banner 称为半横幅广告（Half Banner），120px×240px 的 Banner 称为垂直旗帜广告（Vertical Banner）。

从表现形式上，横幅广告可以分成三种类型：静态横幅、动画横幅、互动式横幅。

5.1.2 怎样做好 Banner 广告

Banner 广告主要体现广告的中心意思，形象鲜明地表达最主要的情感思想或宣传中心内容。

Banner 属于网络广告，区别于传统媒体 Banner 有很多优越性，例如：

（1）覆盖面广。

（2）不受时间限制，广告时间持久。

（3）方式灵活，互动性强。

（4）可以分类检索，广告针对性强。

（5）制作简捷，广告费用低。

（6）可以准确地统计受众数量。

Banner 广告的构成要素主要包括 4 个方面：文案、主体、背景、点缀物。

1. Banner 广告的五大设计技巧

1）统一色调控制

在设计广告 Banner 的时候，一定要注意统一色调的控制，通过统一色调的原则，可以呈现整齐的视觉感受，更加具有吸引力。

2）注意文案主次控制

文案的内容一定要有主次之分，明确重点强调的部分，这样才能够有助于自己的设计内容，更加突出。

3）保持高清素材选取

高清素材对于整个画面的质感是非常有影响的，只有保持高清的素材选取，才能够更好地表现出完美视觉。

4）保持背景简洁

简洁的背景主要是给内容提供更多的设计空间，这样也能够避免因为背景过于复杂，影响了整个视觉的主次观看。

5）颜色与产品配合

色调的颜色选择，一定要和整个产品相配合，这样看起来才能够更加有看点，也才能够看出更多的设计层次感。

2. Banner 设计常见版式

（1）两栏式：左文右图或左图右文，如图 5-1 所示。

图 5-1　两栏式

（2）三栏式：中间文字，两边图，如图 5-2 所示。

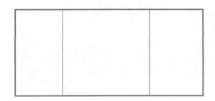 

图 5-2　三栏式

（3）上下式：上面文字，下面图，如图 5-3 所示。

图 5-3　上下式

（4）组合式1：模特＋文字＋图，如图5-4所示。

图5-4　组合式1

（5）组合式2：两边模特＋文字＋图，如图5-5所示。

图5-5　组合式2

（6）纯文字＋背景，如图5-6所示。

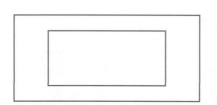

图5-6　纯文字＋背景

5.1.3　相关知识点讲解

1. 图层

图层是 Photoshop 图像处理的核心。图层就像是一张张的透明薄膜，覆盖在原始的图像上。为了说明图层的原理，这里打个比方，我们打印出一张照片，在上面盖上一张透明的塑料纸，这张透明的纸就是 Photoshop 中的一个透明图层，我们可以在这张透明的纸上进行涂画或是写上文字，这就像是在 Photoshop 的透明图层上用画笔涂抹或是在文字图层上制作文字。如果对结果满意，就可以把透明纸和照片一起装裱起来；如果不满意，就可以扔掉这层透明的纸，换一张重新画；还可以再覆盖上更多的透明纸或是有内容的纸，这就是 Photoshop 中图层的概念。

通常情况下，图层预览框中灰白相间的方格表示该区域没有颜色像素。

2. 图层种类

在 Photoshop 中可以创建多种类型的图层，主要包括"背景"图层、普通图层、文字图层、形状图层。

（1）"背景"图层。当用户创建一个新的不透明图像文档时，会自动生成"背景"图层。默认情况下，"背景"图层位于所有图层之下，处于锁定状态，不可调节图层顺序和设置图层样式。双击"背景"图层，可以解锁，将其转换为普通图层。

（2）普通图层。在普通图层中可以进行任何与图层相关的操作。

（3）文字图层。选择"文本"工具输入文字时，会自动创建文字图层。文字图层不可直接设置滤镜效果。

（4）形状图层。选择形状工具绘制形状时，可以创建形状图层。

3. 图层基本操作

1）新建图层

新建图层一般位于当前图层的上方，采用正常模式和 100% 的不透明度。

方法一：单击"图层"面板中的"创建新图层"按钮 ，在"背景"图层的上方创建新图层，如图 5-7 所示。

方法二：选择"图层"→"新建"→"图层"命令创建新图层。在打开的"新建图层"对话框中进行图层名称、模式、不透明度等参数的设置，如图 5-8 所示。

图 5-7　新建图层

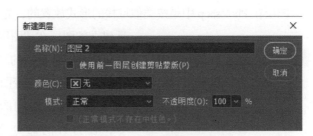

图 5-8　"新建图层"对话框

2）转换为新图层

通常情况下，在两个文件之间可以通过复制和粘贴命令来创建新图层。选择"移动工具" ⊕ 拖动图像到另一个文件上创建新图层。

另一种方法是，选择"图层"→"新建"→"通过复制的图层"命令或选择"图层"→"新建"→"通过剪切的图层"命令将选取的图像粘贴到新图层。

提示："通过复制的图层"命令的快捷键是 Ctrl+J，"通过剪切的图层"命令的快捷键是 Shift+Ctrl+J。

3）复制图层

将"图层"面板中当前选中的图层拖移到"创建新图层"按钮上，当前图层上面会增加一个复制图层，其名称会用"拷贝"字样加以区分，如图 5-9 所示。

在当前选中的图层上单击右键，选择快捷菜单中的"复制图层"命令，打开"复制图层"对话框，如图 5-10 所示，也可以复制图层。

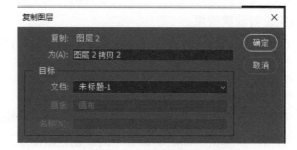

图 5-9 复制后的"图层"面板　　　　图 5-10 "复制图层"对话框

4）删除图层

删除图层的方法是选择需要删除的图层，直接将其拖移到"图层"面板右下方的"删除图层"按钮 🗑 上，或者选择快捷菜单中的"删除图层"命令，在打开的对话框中单击"是"按钮，即可实现删除图层。

5）调整图层顺序

图层在 Photoshop 中是按类似堆栈的形式放置的，先建立的图层在"图层"面板的下方，后建立的图层在"图层"面板的上方。图层的排列顺序会直接影响图像显示的画面。上面的图层总是会遮挡下面的图层，可以通过改变图层的顺序来编辑图像的效果。

选择要移动的图层，选择"图层"→"排列"命令，在打开的命令列表中选择一个需要的命令，如图 5-11 所示。

图 5-11 "排列"子菜单

提示：使用鼠标直接在"图层"面板中拖动图层也可以改变图层的顺序。

6）链接图层

链接图层的作用是固定当前图层和链接图层，以使当前图层所做的变换、颜色调整、滤镜变换等操作也能同时应用到链接图层上，还可以对不相邻图层进行合并。

打开一张多图层的图像文件，在"图层"面板上选中要链接的图层，单击"图层"面板下方的"链接图层"按钮 ，当图层右边出现链接图标时，表示图层链接好了，如图 5-12 所示。

图 5-12　链接图层

可以对链接图层进行整体移动、缩放和旋转等操作，再次单击链接图标按钮，便可取消图层的链接。图 5-13 所示的是对链接图层进行旋转操作。

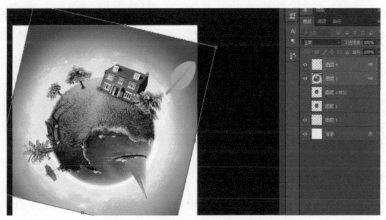

图 5-13　同时旋转两个图层中的图像

7）锁定图层

根据需要将图层锁定后，可以防止被锁定的图层图像效果被破坏。在"图层"面板中有 4 个选项用于设置锁定图层的内容。

（1）锁定透明像素：单击"锁定透明像素"按钮，当前图层上原本透明的部分被保护起来，不允许被编辑。后面的所有操作只对不透明图像起作用。

（2）锁定图像像素：单击"锁定图像像素"按钮，当前图层被锁定，不管是透明区域还是图像区域，都不允许填充色或进行色彩编辑。此时，如果将绘图工具移动到图像窗口上会出现禁止图标。该功能对"背景"图层无效。

（3）锁定位置：单击"锁定位置"按钮，当前图层的变形编辑将被锁住，使图层上的图像不允许被移动或进行各种变形编辑。将图像位置锁定后，仍然可以对该图层进行填充、描边等绘制操作。

（4）锁定全部：单击"锁定全部"按钮，当前图层的所有编辑将被锁住，将不允许对图层上的图像进行任何操作，此时只能改变图层的叠放顺序。

8）合并图层

在图像制作过程中，"图层"面板如果产生过多的图层，会使文件变大且处理速度变慢，因此就需要将一些图层合并或拼合起来，以节省磁盘空间，同时也可以提高操作速度。

Photoshop 合并图层的方法有三种，单击"图层"面板右上方的按钮，打开快捷菜单，如图 5-14 所示。

9）图层组

使用图层组管理 Photoshop 的图层，可以使艺术创作更方便快捷。创建图层组的方法如下。

方法一：选中要加入图层组的图层，单击"图层"面板下方的"创建图层组"按钮，即可创建图层组，如图 5-15 所示。

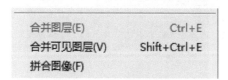

图 5-14　合并图层的命令

图 5-15　图层组

方法二：单击"图层"面板下方的"创建图层组"按钮，创建空的图层组，将需要加入组的图层拖移到图层组中。

提示：创建图层组的快捷是 Ctrl+G。

4. 图层样式

"图层样式"可以制作一些特殊图层效果，在"图层样式"对话框中可以为图层添加投影、内发光、外发光、斜面和浮雕、光泽、颜色叠加等效果。可以通过"图层样式"对话框同时为图层应用多种样式效果。

使用下列任意一种方式均可以打开"图层样式"对话框，如图 5-16 所示。

（1）选择"图层"→"图层样式"命令子菜单中第一组命令，如投影、外发光等。

（2）选择要使用图层样式的图层，单击"图层"面板下方的 fx 按钮，从弹出的快捷菜单中任选一个选项。

（3）双击需要添加图层样式的图层。

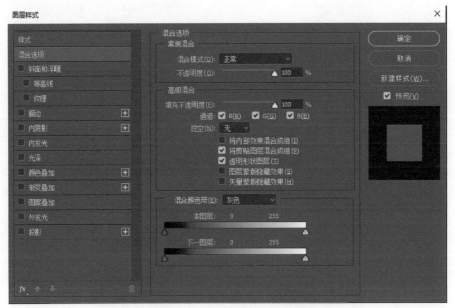

图 5-16　"图层样式"对话框

针对同一图像，可以观察到各图层样式的不同之处，如图 5-17 ～图 5-27 所示。

图 5-17　原始图像

图 5-18　投影效果

图 5-19　内阴影

图 5-20　外发光

图 5-21　内发光

图 5-22　斜面与浮雕

图 5-23　光泽

图 5-24　颜色叠加

图 5-25　渐变叠加

图 5-26　图案叠加

图 5-27　描边

提示：两个或者两个以上的图层要使用相同的图层样式时，可以先为其中一个图层设置好需要的图层样式，然后在该图层上单击右键，选择"拷贝图层样式"命令，在另外的图层上单击右键，选择"粘贴图层样式"命令，即可把同样的图层样式应用于不同的图层。

5. 蒙版

蒙版实际上是一种遮罩，使用它可将一部分图像区域保护起来。Photoshop 有"快速蒙版""图层蒙版""剪贴蒙版""矢量蒙版"。

1）快速蒙版

快速蒙版是一种临时蒙版，使用快速蒙版不会对图像进行修改，只建立图像的选区。

在工具箱的下方有一个 ▣ 按钮，单击该按钮，可以进入快速蒙版编辑状态，使用画笔工具在图像上涂抹，如图 5-28 所示。再次单击该按钮，退出快速蒙版，产生选区，如图 5-29 所示。

图 5-28　快速蒙版状态图

图 5-29　退出快速蒙版

2）图层蒙版

图层蒙版可以简单地理解为与图像相叠加的白纸。若这张纸完全透明（蒙版为黑色），下面的图像将完全显示出来；若纸不完全透明（蒙版为不同程度的灰色），按纸的透明度比例显示图像；若纸完全不透明（蒙版为白色），下面的图像将不显示。

编辑图层蒙版，实际上就是对蒙版中黑、白、灰三个色彩区域进行编辑。使用图层蒙版可以控制图层中的不同区域如何被隐藏或显示。通过更改图层蒙版，可以将大量特殊效果应用到图层，而不会影响该图层上的像素。

（1）创建图层蒙版：在图像上创建一个选区，单击"图层"面板中的"创建图层蒙版"按钮 ■ ，可以为选择区域以外的图像添加蒙版，如图 5-30 所示。如果图像中没有选区，单击 ■ 按钮可以为整个图像添加蒙版。

图 5-30　添加图层蒙版

（2）停用、删除和应用图层蒙版：为图层添加图层蒙版后，在图层蒙版上单击右键，在快捷菜单中选择相应的命令，如图 5-31 所示，可以停用、删除、应用图层蒙版。

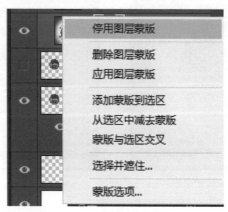

图 5-31　图层蒙版快捷菜单

提示：按住 Shift 键在蒙版图标上单击，出现 ，也可停用蒙版。

（3）编辑图层蒙版：单击"图层"面板中图层缩略图右边的图层蒙版，使图层蒙版处于编辑状态，配合使用"渐变填充工具"和"画笔工具"编辑图层蒙版。

3）剪贴蒙版

剪贴蒙版是通过下方图层的形状来限制上方图层的显示范围，达到一种剪贴画效果的蒙版。如图 5-32 所示的"绿色地球"文字效果就是应用"剪贴蒙版"制作的。

图 5-32　剪贴蒙版效果

剪贴蒙版的最大优点是可以通过一个图层来控制多个图层的可见内容，而图层蒙版和矢量蒙版都只能控制一个图层。

在 Photoshop 中，至少需要两个图层才能创建"剪贴蒙版"，通常把位于下面的图层叫作"基底图层"，位于上面的图层叫作"剪贴层"。如图 5-33 所示的剪贴蒙版效果就是由一个"文字"基底图层和一个"地球"剪贴层组成。

图 5-33　基底图层和剪贴层

选中要作为"剪贴层"的图层，单击右键选择"创建剪贴蒙版"命令（或者按快捷键 Ctrl+Alt+G），即可用下方相邻图层作为"基底图层"，创建一个剪贴蒙版。

此外，按住 Alt 键，将鼠标指针移动到"基底图层"和"剪贴层"之间单击，也可以创建剪贴蒙版。

对于不需要的剪贴蒙版可以将其释放掉。选择剪贴层，单击右键选择"释放剪贴蒙版"命令（或者按快捷键 Ctrl+Alt+G）即可。

4）矢量蒙版

矢量蒙版是通过钢笔工具或形状工具创建的蒙版，与分辨率无关。

选择"图层"→"矢量蒙版"→"隐藏全部"命令，在"路径"面板中会自动添加一个矢量蒙版。添加矢量蒙版后，就可以绘制显示形状内容的矢量蒙版，然后使用形状工具或钢笔工具直接在图像上绘制路径。

特别说明：下面介绍的优秀案例图片均来自网络。

1. 时尚、品质

如图 5-34 所示，该 Banner 案例给人感觉很时尚，品质感强，又达到了促销的目的。整体文字排版规整，如左对齐或居中对齐。色彩不太多，商品以邻近色取色，着重突出的文字信息用反差比较大的颜色。

图 5-34　时尚品质型

2. 大牌、稳重

如图 5-35 所示，该案例给人感觉很大牌、稳重。设计过程中背景采用大量留白，色彩较为单一，以黑、白、灰为主色。商品或模特图占比较大，可以截取一部分细节展示，没有太多文案描述，有的只是一个 Logo。

3. 可爱、亲和力

如图 5-36 所示，该案例给人感觉很可爱、热闹、具有亲和力。该作品色彩丰富，配色柔和，使用暖色调，给人以热情的感觉。画面内容比较多、比较满，加入了一些图形作为点缀。信息突出，整体画面和谐。

图 5-35　大牌稳重型

图 5-36　可爱亲和型

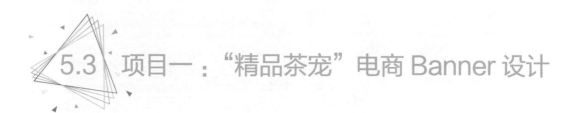

5.3 项目一："精品茶宠"电商 Banner 设计

5.3.1 项目背景分析

1. 项目背景

本项目要求完成一个"紫砂茶具"淘宝网店首页 Banner 广告设计。

通过本项目案例的学习，读者能够掌握图层、图层样式、图像修补、图层蒙版、剪贴蒙版等的基本应用。

该网店首页 Banner 区将展示特价商品"高背金蟾"茶宠雕塑，已有商品的拍摄素材，如图 5-37 所示。

2. 制作思路

根据 Banner 广告设计原则，针对本项目，采用左右两栏布局，左边展示商品，右边用文案说明商品的特色及特惠价格。为了烘托店铺古朴、古香古色的风格，Banner 整体色调偏褐色，点睛色采用商品上面的宝石红色。另外，在按钮上叠加紫砂矿石的图片纹理，与店铺产品相呼应。

图 5-37 素材图

3. 案例展示

Banner 图效果如图 5-38 所示。

图 5-38 效果图

5.3.2 项目实现

第 01 步：新建文档。打开 Photoshop 软件，单击"新建"按钮，打开"新建文档"对话框，设置文档尺寸为宽度 990 像素，高度 308 像素，方向选择"横向"，分辨率保持默认的 72 像素 / 英寸，颜色模式选择"RGB 颜色，8 位"，其他保持默认，单击"创建"按钮，如图 5-39 所示。

背景 .mp4

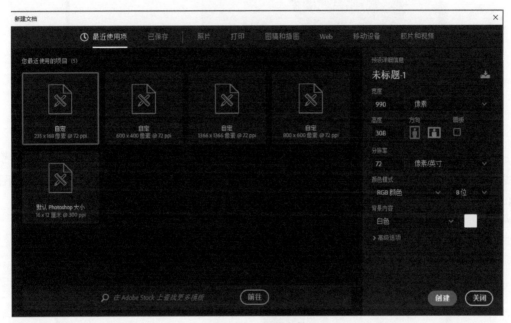

图 5-39　新建文档

第 02 步：导入素材，制作 Banner 背景。

（1）将原图素材 yuantu.jpg 文件拖入到画布中，如图 5-40 所示。

图 5-40　导入素材

（2）按 Ctrl+T 组合键，打开自由变换，按住 Shift 键，拖动右下角的调节控点，放大图像，并调整到合适位置后确认变换，如图 5-41 所示。

图 5-41　调整素材大小

（3）新建参考线。选择"视图"菜单下的"新建参考线"命令，打开"新建参考线"对话框，选择"水平"单选按钮，设置位置为 10 像素，单击"确定"按钮，如图 5-42 所示，新建一条参考线。

图 5-42　新建参考线

（4）新建图层，选择"矩形选框工具"，沿参考线绘制矩形选区，将前景色设置为 #58443a，按 Alt+Delete 组合键填充前景色，如图 5-43 所示。

图 5-43　填充前景色

（5）选择"yuantu"图层，按 Ctrl+J 组合键，复制一层，得到"yuantu 拷贝"图层，在该图层上单击右键，选择"栅格化图层"命令，如图 5-44 所示。

（6）选择"矩形选框工具"，绘制如图 5-45 所示的选区，打开"编辑"菜单下的"填充"命令，内容选择"内容识别"，如图 5-46 所示，单击"确定"按钮。填充效果如图 5-47 所示。

图 5-44　栅格化图层

图 5-45　绘制选区

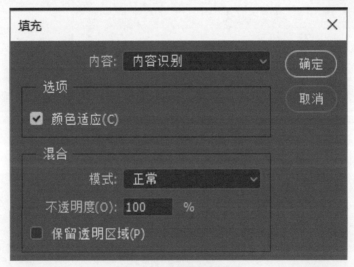

图 5-46　填充内容识别

图 5-47　内容识别后效果

（7）选择"污点修复画笔工具"，设置合适的笔触大小，对填充的图像部分进行修补，效果如图 5-48 所示，Banner 背景制作完毕。

图 5-48　修补背景后效果

第 03 步：文案制作。

（1）选择文本工具，设置字体为"方正粗黑宋简体"，大小为 30 点，颜色为黑色，在合适的位置输入文字"精品茶宠雕塑"，如图 5-49 所示。双击"精品茶宠雕塑"文字图层，打开"图层样式"对话框，选择"外发光"，设置外发光颜色为 #eeedba，如图 5-50 所示。

文案 1.mp4

图 5-49　输入文字"精品茶宠雕塑"

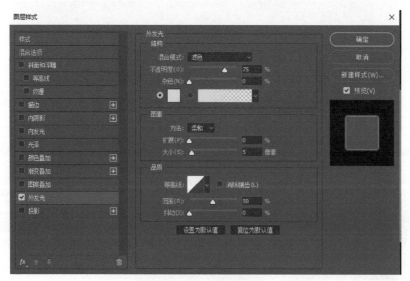

图 5-50　图层样式

（2）制作"高背金蟾"文字倒影效果。选择"文字工具"，设置字体为"方正粗黑宋简体"，大小为 48 点，颜色为 #2a2730（可以用吸管吸取图像左边商品图片上的颜色），在合适的位置输入文字"高背金蟾"，如图 5-51 所示。在"精品茶宠雕塑"图层上单击右键，选择"拷贝图层样式"命令，在"高背金蟾"图层上单击右键，选择"粘贴图层样式"命令，在"高背金蟾"文字上应用同样的发光样式效果。

（3）按 Ctrl+J 组合键，复制"高背金蟾"图层，如图 5-52 所示。选择"高背金蟾"图层，按 Ctrl+T 组合键，打开自由变换，单击右键，选择"垂直翻转"命令，移动翻转后的文字到合适位置，如图 5-53 所示。

段落文字 .mp4

图 5-51　输入文字"高背金蟾"

图 5-52　复制"高背金蟾"图层

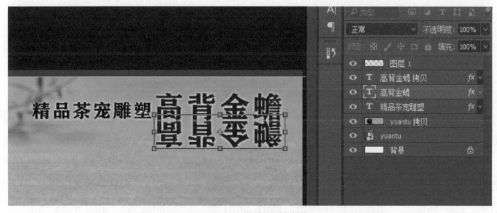

图 5-53　垂直翻转文字

（4）确认变换，单击"图层"面板下方的"添加图层蒙版"按钮，为"高背金蟾"文字倒影图层添加图层蒙版。单击"渐变工具"，确认渐变为白色到黑色的渐变，如图 5-54 所示，选择图层蒙版，按住 Shift 键，从上往下拉一条渐变线（可以多次调整渐变线的位置），调整图层不透明度为 80%，效果如图 5-55 所示。

图 5-54　渐变工具

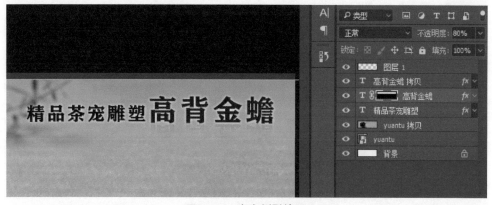

图 5-55　文字倒影效果

（5）选择"文本工具"，设置字体为"方正兰亭黑简体"，字号为 14 点，文字颜色为 #020202，按住左键画出文本框，输入如图 5-56 所示的文字，并调整好位置。

（6）选择"文本工具"，文字颜色用吸管工具吸取左边图片上宝石红色（#b94147），输入如图 5-57 所示的文字，选择"画笔工具"，设置像素为 1，硬度为 100%，在"市场价：328-568 元"图层上新建图层，按住 Shift 键，绘制删除线，如图 5-58 所示。

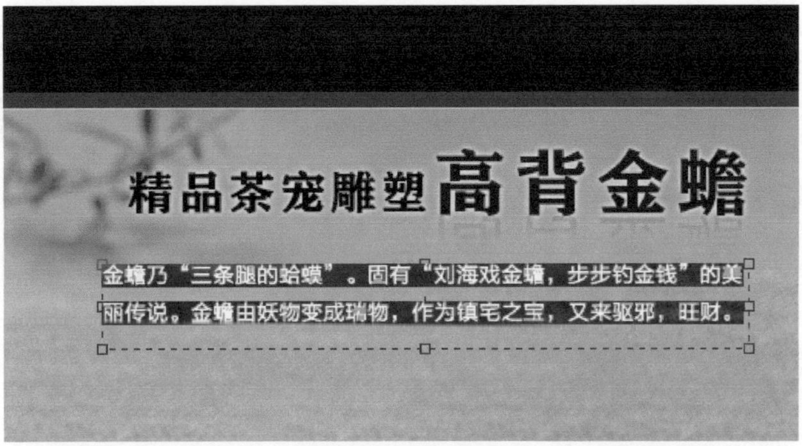

图 5-56　段落文字

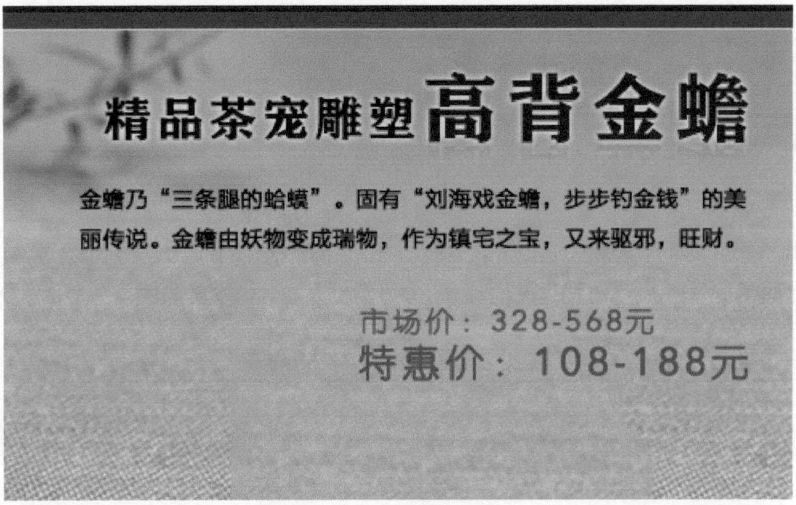

图 5-57　特惠价文字

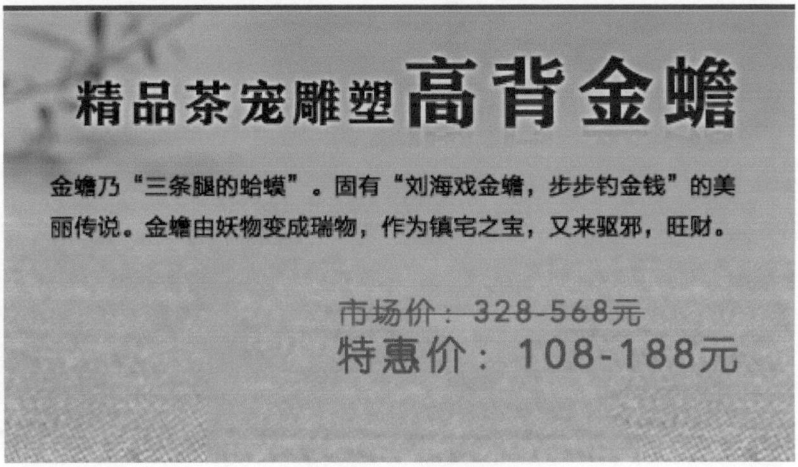

图 5-58　添加删除线

第 04 步：制作"立即抢购"按钮。

（1）新建图层"按钮"，选择"圆角矩形工具"，设置半径为 5px，前景色任意，绘制如图 5-59 所示的圆角矩形，调整到合适位置。

按钮 .mp4

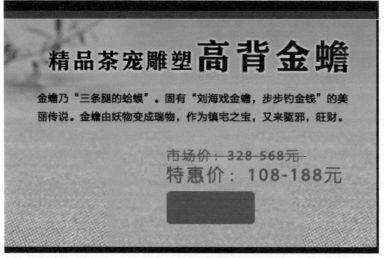

图 5-59　绘制圆角矩形

（2）拖入纹理图片素材 wenli.jpg，放在"按钮"图层的上方，如图 5-60 所示，在"wenli"图层上单击右键，选择"创建剪贴蒙版"命令，得到如图 5-61 所示效果。

图 5-60　拖入纹理素材图

图 5-61　纹理按钮效果

（3）选择"文本工具"，设置字体为"方正粗黑宋简体"，字号为 24，颜色为 #8a4f53，并设置文字的图层样式，其中描边颜色为白色，如图 5-62 所示，最终文字效果如图 5-63 所示，到此，本项目制作完毕。

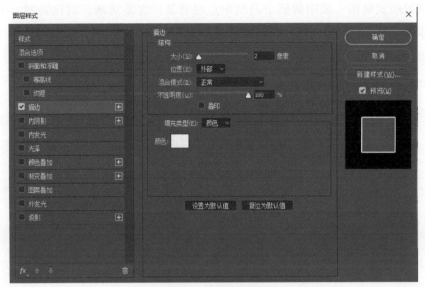

图 5-62　描边图层样式

图 5-63　按钮文字效果

5.4　项目二："闪购美丽"电商 Banner 设计

5.4.1　项目背景分析

1. 项目背景

本项目要求完成一个打底裤淘宝网店首页 Banner 广告设计。

通过本项目案例的学习，读者能够掌握图层、图层样式、图层蒙版、剪贴蒙版、自由变换、羽化等的基本应用。

2. 制作思路

本项目版式简洁，采用剪影卡通图形点缀背景，文案清晰，对比强烈，突出了重点。整体色彩鲜亮，与黑色产品模特图形成鲜明的对比。

3. 案例展示

Banner 效果如图 5-64 所示。

图 5-64　效果图

5.4.2　项目实现步骤

第 01 步：新建文档。打开 Photoshop 软件，单击"新建"按钮，打开"新建文档"对话框，设置文档尺寸为宽度 1920 像素，高度 535 像素，方向选择"横向"，分辨率保持默认的 72 像素 / 英寸，颜色模式选择"RGB 颜色，8 位"，其他保持默认，单击"创建"按钮，如图 5-65 所示。

背景 .mp4

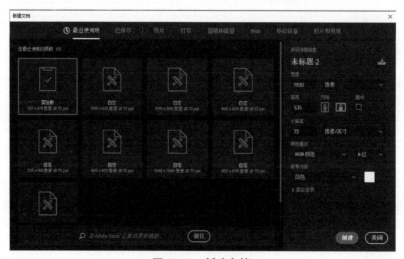

图 5-65　新建文档

第 02 步：制作背景。

（1）在"背景"图层上新建一层，并命名为"背景色"，将前景色设置为 #ffe013，按 Alt+Delete 组合键填充前景色。新建两条参考线，将背景分成三份，效果如图 5-66 所示。

图 5-66　填充背景色

（2）打开素材文件"环球旅行 .ai"，复制文档中的"云朵"，粘贴到当前 Photoshop 文档中，弹出如图 5-67 所示的对话框，选择"智能对象"单选按钮，单击"确定"按钮导入矢量图形素材，效果如图 5-68 所示。使用同样的方法，导入其他矢量图形素材，调整大小和位置，效果如图 5-69 所示。

图 5-67　"粘贴"对话框

图 5-68　粘贴后的效果

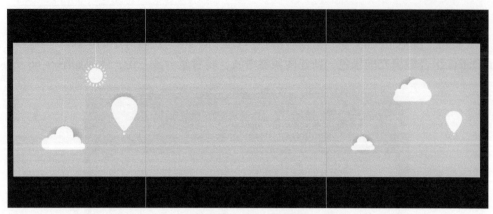

图 5-69　导入其他素材

（3）给画面右上方的云朵添加"颜色叠加"的图层样式和阴影效果。勾选"自动选择"复选框 ，在画布右上方的云朵上单击，选择该图层。双击该图层，打开"图层样式"对话框，勾选"颜色叠加"复选框，设置叠加颜色为 #fbebf4。效果如图 5-70 所示。

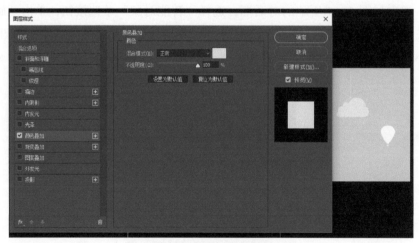

图 5-70　添加颜色叠加

（4）在该图层下方新建一个图层，并命名为"阴影"，选择"椭圆选区工具"，绘制一个椭圆选区，在选区上单击右键，选择"羽化"命令，设置羽化半径为 10px，设置前景色为 #9d9d9d，按 Alt+Delete 组合键填充，调整该图层的不透明度为 40%，如图 5-71 所示，将图层样式复制到"太阳"矢量图形上，整体效果如图 5-72 所示。

（5）添加背景下方的城市剪影素材。打开素材文件"上海城市线稿 .ai"，使用同样的方法复制矢量图形粘贴到 Photoshop 文档中，调整好大小，然后再复制两个，排列对齐，合并这三个图层，效果如图 5-73 所示。

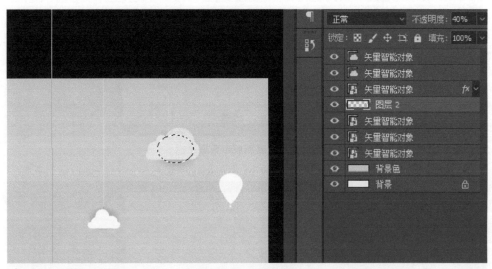

图 5-71　添加阴影

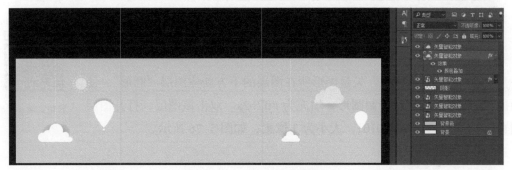

图 5-72　复制图层样式效果

图 5-73　添加城市剪影素材

（6）根据效果适当调整背景上各矢量图的位置和大小。"城市线稿"矢量图形线条太弱了，对合并后的图层进行复制，按 Ctrl+J 组合键，复制出 3 层，如图 5-74 所示。将复制出的 3 层和原图层一起合并，双击合并后的图层，打开图层样式，选择"颜色叠加"，将叠加颜色设置为 #ab2b2b，效果如图 5-75 所示。

图 5-74　复制城市剪影素材

图 5-75　叠加颜色后效果

第 03 步：中间圆形区域内容制作。

（1）在"城市线稿"矢量图形所在图层的下方新建图层"圆形"，使用"椭圆选框工具"绘制圆形，填充为 #ff2b2a。双击该图层，打开图层样式，设置描边为 #da0101，大小为 3 像素，如图 5-76 所示。

圆和文字 .mp4

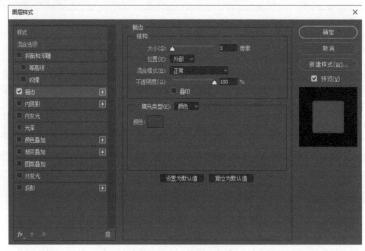

图 5-76　描边样式

（2）制作圆中间的光芒效果。在"圆形"图层上新建一层，并命名为"光芒"。选择"矩形选框工具"，绘制如图 5-77 所示的矩形选区，单击"选择"菜单，选择"变换选区"命令，在选区上单击右键，选择"透视"命令，调整选区如图 5-77 所示，确认变换。

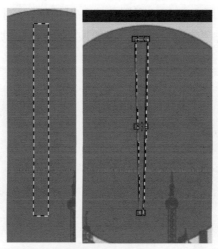

图 5-77 变换选区

（3）填充为白色到透明的渐变，然后取消选区，选择"光芒"图层，按 Ctrl+T 组合键，打开自由变换，设置窗口上方"自由变换"属性如图 5-78 所示，特别注意要调整变形中心点，设置在图形的下方，角度为 6 度，确认变换。

图 5-78 自由变换属性

（4）一直按 Ctrl+Shift+Alt+T 组合键，复制旋转变换，直到变换一圈，按 Shift 键选中这些图层，单击右键选择"合并图层"命令，合并复制出的变换图层，按 Ctrl+T 组合键打开自由变换，适当调整大小和位置，如图 5-79 所示。

图 5-79 复制旋转变换

（5）双击"光芒"图层，打开"图层样式"对话框，选择"渐变叠加"，设置如图
5-80 所示的渐变色，单击"确定"按钮。设置该图层的不透明度为 40%，填充为 17%。

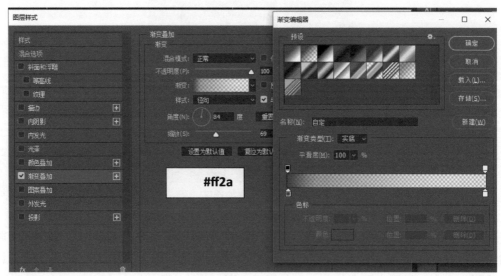

图 5-80　渐变叠加

第 04 步： 文字效果制作。

（1）选择"文本工具"，设置字体为"华康圆体"，大小为 100，颜色为白色，输入
文字"闪购美丽"。按 Ctrl+T 组合键打开自由变换，调整文字方向。双击该文字图层，
打开"图层样式"对话框，设置描边样式：大小为 10，颜色为 #800909，文字效果如
图 5-81 所示。

图 5-81　"闪购美丽"文字效果

（2）使用同样的方法输入其他文字，并设置图层样式。设置"新品上市"字体为
"华康圆体"，大小为 30，颜色为白色，描边大小为 3，描边颜色与"闪购美丽"文字相
同。设置"闪购价：元包邮"字体为"华康圆体"，大小为 30，颜色为 #ffe013，描边效
果与"新品上市"文字相同。设置"39"字体为 Impact，大小为 60，颜色为 #ffe013，
描边效果与"新品上市"文字相同。文字效果如图 5-82 所示。

图 5-82 "新品上市"等文字效果

第 05 步：按钮制作。

（1）选择"圆角矩形工具"，设置填充颜色为 #ffe013，描边为"无"，半径为 5，绘制一个圆角矩形。双击该"圆角矩形"图层，打开"图层样式"对话框，勾选"斜面和浮雕"和"描边"复选框。"斜面和浮雕"样式设置如图 5-83 所示。"描边"样式同"新品上市"文字。

按钮 .mp4

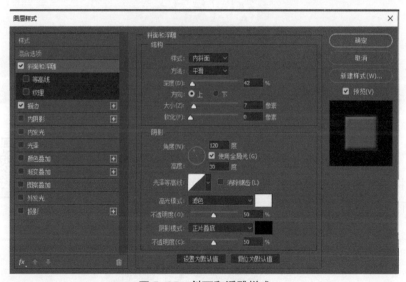

图 5-83 斜面和浮雕样式

（2）输入按钮文字。设置字体为"华康圆体"，大小为 22，颜色为 #1d023a，输入文字"点击抢购"，按 Ctrl+T 组合键打开自由变换，旋转文字，调整到合适位置。在"点击抢购"图层的上方新建图层，选择画笔工具，设置硬度为 100%，笔触大小为 2，前景色为 #1d023a，绘制箭头。效果如图 5-84 所示。

图 5-84　按钮效果

（3）将素材"指针.png"拖入到画布中，调整大小，旋转角度，确认载入。双击该图层，打开"图层样式"对话框，给"手势指针"添加描边样式，大小为 7，颜色为#920505，位置为"内部"，效果如图 5-85 所示。

图 5-85　手势指针效果

第 06 步：添加模特图。

（1）将"素材 1.png"图片拖入到画布中，调整大小和位置，如图 5-86 所示。

模特 .mp4

图 5-86　添加模特图

（2）制作阴影。在"素材 1"图层的下方新建一图层，并命名为"阴影"。选中"阴影"图层，按 Ctrl 键单击"素材 1"图层图标，获取"素材 1"图层的选区。将选区的羽化值设置为 7，将前景色设置为 #909090，用前景色填充选区。将"阴影"图层的不透明度设置为 70%，按右箭头键几次，使得阴影向右偏移几个像素。给"阴影"图层添加图层蒙版，使用黑色画笔在蒙版上涂抹，将不需要的阴影遮挡起来。效果如图 5-87 所示。

图 5-87　添加阴影效果

（3）最后对整体画面中对象的间距做一些微调，对线稿再复制一图层，以加深线稿的颜色。最终效果如图 5-88 所示。

图 5-88　最终效果图

5.5　拓展项目：打底裤电商 Banner

根据提供的商品模特素材，制作如图 5-89 所示的 Banner 图片。

图 5-89　打底裤电商 Banner

制作提示：

● 文字图层样式。

● 内容识别填充扩充图像。

● 图层蒙版控制图像显示。

● 画笔工具编辑图层蒙版。

第 *6* 章

海报设计

🔘 学习目标

- 了解海报设计的基本常识，能够完成海报的设计与制作。
- 熟练掌握蒙版、曲线、色彩调整等工具，使用工具美化海报。
- 学会常见的构图形式，灵活使用版面构图。

6.1 海报设计基础知识

海报是一种传统的宣传形式，通过新颖的设计吸引人们的目光。海报（Poster）又称为"招贴"，是一种大众化的宣传工具，语言简明扼要，形式新颖美观，通常张贴在马路、码头、车站、机场、运动场或其他公共场所。海报的幅度一般比报纸广告或杂志广告大，容易吸引人们的注意，在宣传媒介中占有重要的位置。

6.1.1 海报的特点

1. 醒目

海报张贴于公共场所，需要使用大画面及突出的形象和色彩吸引人们的注意。画面尺寸一般较大，常见的尺寸有全开、对开、长三开及特大画面等。另外，以突出的标志、标题、图形，或强烈的对比，或大面积的空白，或简练的视觉流程使海报成为视觉焦点。

2. 艺术性高

海报具有号召力和艺术感染力，调动形象、色彩、构图、形式感等因素形成强烈的视觉效果，力求新颖、单纯，具有独特的艺术风格和设计特点，给人们留下深刻的印象。

3. 广告宣传性

海报是广告的一种，通过艺术加工，吸引更多的人参加活动。海报可以张贴在公共区域，也可以在媒体上刊登、播放，扩大宣传面。

4. 商业性

海报是为某项活动做的前期广告和宣传，成本低，收益大，覆盖面广，吸引人们参与其中。客户通过海报了解商家的意图、产品的性能，以及对自己的需求进行预判。

6.1.2 海报的分类

海报依据使用目的及性质来区分，可分为公共性和商业性两种。其中，公共海报可分为公益性、政治性、教育性、观光性、艺术性等方面。

海报按其使用目的及性质不同大致可以分为商业海报、文化海报、电影海报和公益海报等，具体介绍如下。

1. 商业海报

商业海报是指宣传产品或商业服务的广告性海报，广告色彩浓厚。商业海报的设计，要恰当地配合产品的格调和受众对象，如图 6-1 所示。

图 6-1　商业海报欣赏

2. 文化海报

文化海报是指各种社会文娱活动及各类展览的宣传海报。每种展览或活动都有各自的特点，海报设计需要根据展览和活动的内容及受众，运用恰当的方法表现其内容和风格，如图 6-2 所示。

图 6-2　文化海报欣赏

3. 电影海报

电影海报主要用于宣传影片，起到吸引观众注意、刺激电影票房收入的作用。电影海报语言简明扼要，形式新颖美观，如图 6-3 所示。

图 6-3　电影海报欣赏

4. 公益海报

公益海报用于传达某种公益观念，呼吁公众关注某一社会问题，支持或倡导某种社会事业或社会道德，具有塑造社会道德规范、教育提醒公众的功能，如图 6-4 所示。

图 6-4　公益海报欣赏

6.1.3 海报制作的步骤

1. 明确海报的目的和受众

研究海报的设计目的、要达到的设计效果及目标受众群体，分析受众群体更易于接受的设计风格，考虑受众看到海报后的感觉，从而思考海报设计的策略。

2. 明确主题，搜集素材

根据设计目的和受众，确定主题。首先确定一个方向，将作品设计得既能引起客户兴趣又富有感染力，接着搜集合适的素材，明确海报传达的信息，进行颜色设置、风格定位、确定背景形式等。

3. 设计草图

有了明确的主题和素材后，开始构图设计。规划视觉引导线，决定传达信息的主次，并灵活运用亲密性、对齐、重复、对比这四大版式设计基本原则。

4. 海报制作

运用熟悉的软件完成海报设计，加上文案。完成后再次审视，修改细节，确保作品符合要求。

6.1.4 常见的构图形式

1. 垂直构图

主体物沿画面垂直中轴线排列，画面稳重，适合需要强调一个视觉中心的情况，如图 6-5 所示。

图 6-5 垂直构图欣赏

2. 水平构图

主体物沿画面水平中轴线排列，画面稳定，适合需要排列多个视觉层级相似的元素的情况，如图 6-6 所示。

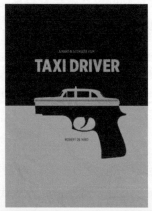

图 6-6　水平构图欣赏

3. 斜线构图

以对角线为分界线将画面分为两半，主体物部分占据分界线上，会营造出一种蓄势待发的感觉，画面很有张力，如图 6-7 所示。

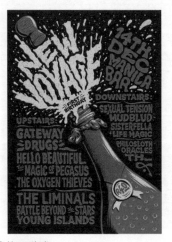

图 6-7　斜线构图欣赏

4. 曲线构图

曲线构图可以表现出一种柔美的感觉，使得画面更有流动感，画面生动，富有空间感，如图 6-8 所示。

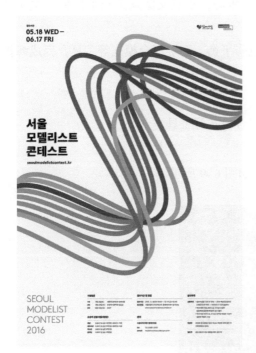
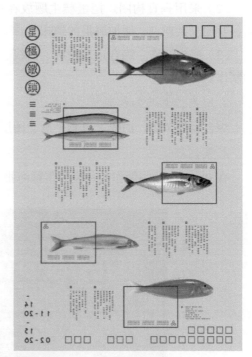

图 6-8　曲线构图欣赏

6.2 项目一：巧克力蛋糕海报设计

6.2.1 项目背景分析

1. 项目背景

某甜品店推出一款新品巧克力蛋糕，为该产品制作推广海报，传递浓浓的甜蜜之意，目标客户为年轻人。

2. 制作思路

（1）研究海报受众。海报目标客户为年轻人，根据所提供的文案需要表现甜蜜的感觉，因此色调采用暖色，并选择表达爱意的元素，如爱心、玫瑰花等。

（2）采用垂直构图。把蛋糕主题放在视觉重心，重点文案从上至下排列，主次分明，并加上兴趣点，增加海报的趣味性。

（3）海报制作。综合运用蒙版、曲线、色彩平衡、图层混合模式等工具，完成海报的制作。

3. 所用工具及知识点

综合运用蒙版、曲线、色彩平衡、图层混合模式等工具。

4. 案例展示

在 Photoshop 中创作的巧克力蛋糕海报，如图 6-9 所示。

巧克力蛋糕海报
1.mp4

图 6-9　巧克力蛋糕海报效果图

6.2.2　项目实现

第 01 步：新建文件。按 Ctrl+N 组合键，执行"新建"命令，在弹出的"新建文档"对话框中设置"宽度"为 210 毫米，"高度"为 297 毫米，"分辨率"为 300 像素 / 英寸，如图 6-10 所示。

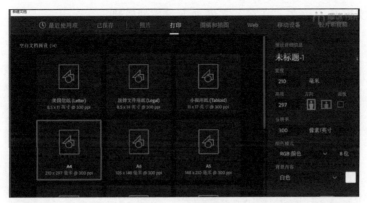

图 6-10　新建文件

第 02 步：新建版面。执行"视图"→"新建参考线版面"命令，在弹出的"新建参考线版面"对话框中设置"列"为 4，"行数"为 8，上下左右边距设为 12 毫米，如图 6-11 所示。

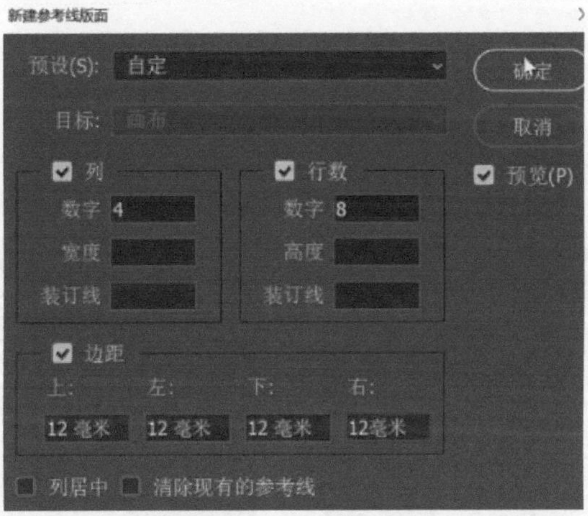

图 6-11　新建参考线

第 03 步：填充前景色。新建图层，设置前景色为合适的巧克力色，案例所用的颜色是 #1d130b，按 Alt+Delete 组合键填充前景色，如图 6-12 所示。

第 04 步：输入文案。参考文案素材，单击"横排文字工具"，在海报上部输入文本"味在香甜，意在初恋"，选择适当的字体和颜色，并调整到合适的位置。添加圆角矩形、直线等形状对文案进行修饰。

主标题"味在香甜，意在初恋"采用"思源宋体"字体，大小为 57 点，颜色为 #ddc8cc。继续输入文字，单击"横排文字工具"，输入"用心制作每一份甜蜜"，在选项栏中设置字体为"思源宋体"，大小为 23 点，颜色为 #ddc8cc。在海报下方输入其他的文案，效果如图 6-13 所示。最后单击图层下方"新建文件夹"按钮，取名为"文案"，将所有文字统一放在"文案"文件夹下，方便管理。

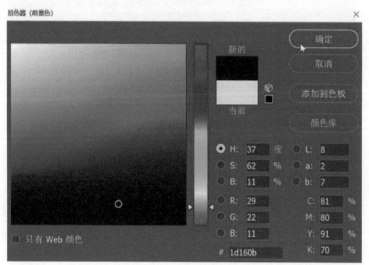

图 6-12　选择前景色

第 05 步：隐藏参考线。按 Ctrl+H 组合键隐藏参考线，如图 6-14 所示。

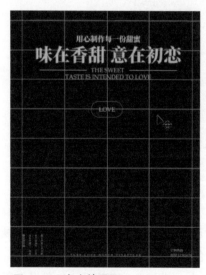

图 6-13　文案效果图

图 6-14　隐藏参考线

第 06 步：抠图。将巧克力蛋糕素材导入，置于"文案"文件夹的下方。使用快速选择工具大致选出蛋糕轮廓，按住 Alt 键，减去多余的选区，选择工具选项栏上的"选择并遮住"，调整平滑度、羽化等参数，获得较好的蛋糕轮廓，如图 6-15 所示。调整好后，输出"新建带有图层蒙版的图层"，调整蛋糕的大小、位置，效果如图 6-16 所示。

巧克力蛋糕海报
2.mp4

图 6-15　巧克力蛋糕抠图

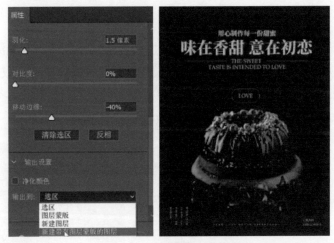

图 6-16　创建带蒙版的图层

第 07 步：修改蒙版。单击蛋糕的蒙版图层，选择黑色的画笔，将蛋糕底部多余的叶子涂抹掉，如图 6-17 所示。

图 6-17　修改蒙版

第 08 步: 添加木板素材。打开木板素材,将它拖动到当前文件中,然后移动到合适的位置,调整图层顺序,将其放置在蛋糕的下方,初步搭好木板的效果如图 6-18 所示。

图 6-18　添加木板素材

第 09 步: 调整木板图层。给"木板"图层新建图层蒙版,将两侧涂暗,使木板边缘与背景融合,如图 6-19 所示。给"木板"图层建立曲线调整层,仅应用于"木板"图层,用于降低地面的亮度,突出蛋糕,如果效果不明显,可以建立多个曲线图层压按木板,如图 6-20 和图 6-21 所示。调整后的效果如图 6-22 所示。

图 6-19 添加蒙版　　　　　　　　图 6-20 添加曲线调整层

图 6-21 曲线参数　　　　图 6-22 木板图层效果

第 10 步： 添加阴影。在"蛋糕"与"木板"图层之间新建图层，根据光照方向用黑色画笔给蛋糕添加阴影，调整阴影的透明度。

第 11 步： 调整蛋糕色调。在蛋糕素材中光线有些偏青色，在"蛋糕"图层上添加色彩平衡调整层，仅对"蛋糕"图层起作用。调整阴影、高光、中间调的色彩，使其偏暖色，如图 6-23 所示。

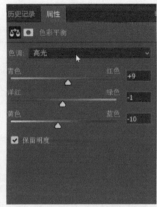

图 6-23　蛋糕色彩平衡参数

第 12 步： 调整蛋糕底盘。在"蛋糕"图层上再次添加曲线调整层，用于调整底盘的明暗。将曲线调整层的蒙版用 Ctrl+I 组合键反相为黑色，用白色画笔，在蛋糕底盘需要变暗的地方进行涂抹，如图 6-24 所示。

图 6-24　调整蛋糕底盘

第 13 步： 添加烟雾。在主标题下方导入烟雾素材，并给烟雾创建蒙版，擦除多余部分，调整烟雾透明度及色彩平衡，如图 6-25 所示。

第 14 步： 添加趣味点。导入玫瑰花素材，调整大小及位置，将图层进行反相（按 Ctrl+I 组合键），并将图层混合模式改为滤色，这样就去掉了玫瑰花素材的背景。给素材添加图层蒙版，将头尾的白色涂抹掉。接着给玫瑰花上色，在玫瑰花上方新建图层，填充为玫瑰色，在两个图层之间按住 Alt 键，将图层设为玫瑰花图层的剪切蒙版，混合模式改为"颜色"，玫瑰花上色完成，效果如图 6-26 所示。

图 6-25　添加烟雾

图 6-26　添加趣味点

第 15 步：创建引导线。新建图层，用大小为 5px 的画笔画两条引导线，最终海报完成，效果如图 6-9 所示。

6.3　项目二：F1 赛事海报设计

6.3.1　项目背景分析

1. 项目背景

本项目为世界一级方程式锦标赛（FIA Formula 1 World Championship）中国站制作

一份宣传海报，以吸引更多的赛车爱好者。世界一级方程式锦标赛，是由国际汽车运动联合会（FIA）举办的最高等级的年度系列场地赛车比赛，是当今世界水平最高的赛车比赛。2020 年共设 22 场分站赛，成为这项运动历史上最长的赛季。

2. 制作思路

（1）研究海报受众。海报目标客户为赛车爱好者，喜欢较刺激运动的年轻人。因此采用深色调，搭配绚丽的光线，传达 F1 赛车的酷炫感。

（2）采用斜线构图。斜线会营造出一种蓄势待发的感觉，让 F1 赛事更具有运动感。画面主体倾斜，具体赛事安排等内容排版在页面下方。

（3）海报制作。综合运用变化、图层样式、蒙版、曲线、色彩平衡、图层混合模式等工具，完成海报的制作。

3. 案例展示

在 Photoshop 中创作的 F1 赛事海报，如图 6-27 所示。

图 6-27　F1 赛事海报展示

6.3.2　项目实现

第 01 步：新建文件。按 Ctrl+N 组合键，在弹出的"新建文档"对话框中设置宽度为 210 毫米，高度为 297 毫米，分辨率为 300 像素 / 英寸，如图 6-28 所示。

F1 赛车海报
1.mp4

图 6-28　新建文件

第 02 步：填充背景色。新建图层，按 Alt+Delete 组合键填充背景色为黑色，如图 6-29 所示。

图 6-29　填充背景色

第 03 步：新建版面。执行"视图"→"新建参考线版面"命令，将"列"改为 4，"行数"改为 8，"装订线"为 0，"边距"为 1.5 厘米，如图 6-30 所示。

第 04 步：添加文案和图标。打开文案素材，复制文字，将主要信息、次要信息和辅助信息依次排版。打开图标素材"timg"，放置在适当位置，如图 6-31 所示，完成后隐藏参考线（Ctrl+H）。

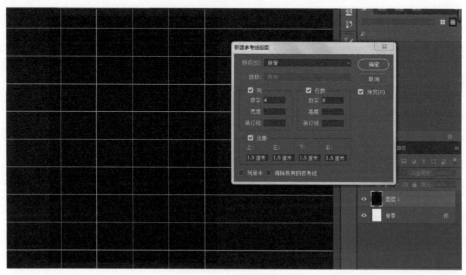

图 6-30　创建参考线

图 6-31　添加文案和图标

第 05 步：编辑背景图案。打开素材"背景"，使用"矩形工具"，选取一个完整的三角形底纹。执行"编辑"→"定义图案"命令，将选取的局部定义为"图案 1"。选择图层 1，在"图层样式"对话框中选中"图案叠加"，选中刚才定义的图案 1，调整适当的不透明度和缩放值，如图 6-32 所示。

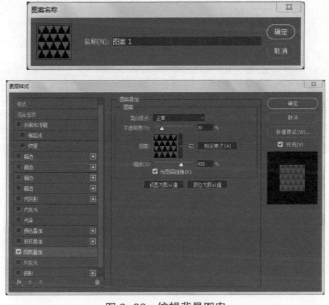

图 6-32　编辑背景图案

第 06 步：添加车轮素材。打开素材"车轮 .png"，按 Ctrl+I 组合键使颜色反相，并复制一个车轮，分别移动到适当位置（"世界一级"的后方和"2020 年"的前方）。为方便图层管理，将主标题的文字对象全部组合到一个文件夹中，重命名为"主标题"，如图 6-33 所示。

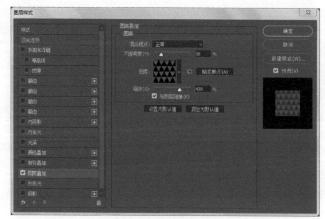

图 6-33　添加车轮

第 07 步：变换主标题。选中"主标题"组，自由变换（组合键为 Ctrl+T），右键单击，选择"斜切"命令，显示版面参考线，调整文字大小并移动位置，使文字左右边距均在参考线内，如图 6-34 所示。

图 6-34　变换主标题

第 08 步：添加文字效果。打开素材"文字效果"，使用"矩形工具"选取图片，移动到文字的上方，按住 Alt 键，选择"主标题"组，形成剪切蒙版素材嵌入文字内部，重命名为"图层 5"，如图 6-35 所示。给文字添加图层样式"描边"和"斜面浮雕"效果，提高文字识别性，如图 6-36 所示。

F1 赛车海报
2.mp4

图 6-35　文字的剪切蒙版

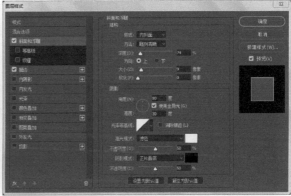

图 6-36　文字的图层效果

第 09 步： 添加文字光效。打开图片素材"光线"，选取适合的光线，调整光线大小、位置，将图层模式改为滤色，可去除光线素材的黑色背景。给光线层添加蒙版，使用"画笔工具"，擦除周围的痕迹。将光效的图层移动到文字图层的下方，如图 6-37 所示。

图 6-37　添加文字光效

第 10 步： 文字动感模糊。将"主标题"与填充的彩色效果组合为"组 2"，复制"组 2"，并合并复制的图层，执行"滤镜"→"模糊"→"动感模糊"命令，调整合适的参数，增加主文案的动感，如图 6-38 所示。

图 6-38　添加文字动感模糊

第 11 步： 添加飞絮素材。打开图片素材"飞絮"，增添画面的氛围。移动素材到适当的位置，将图层模式改为"滤色"，添加蒙版，使用"画笔工具"，涂抹掉"飞絮"周围的痕迹，再复制移动到另一半，如图 6-39 所示。

图 6-39　添加飞絮

第 12 步： 丰富背景色。打开图片素材"背景色"，放在背景层"图层 1"的上方，调整大小。使用"滤镜"→"模糊"→"高斯模糊"命令，调整合适的模糊程度，将图层模式改为"叠加"，给背景增加一些色彩。下方文案处颜色略少，可以补足一些颜色。新建图层并命名为"添加色"，再使用"画笔工具"涂抹搭配的颜色，将模式改为"颜色"，如图 6-40 所示，最终效果如图 6-27 所示。

图 6-40　丰富背景色

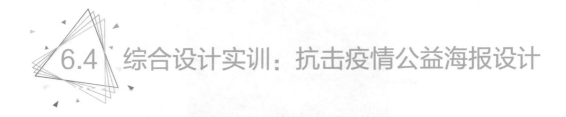

6.4 综合设计实训：抗击疫情公益海报设计

设计如图 6-41 所示抗击疫情公益海报。

图 6-41　抗击疫情公益海报展示

6.5 拓展项目：动物与自然公益海报设计

设计如图 6-42 所示动物与自然公益海报。

图 6-42　动物与自然公益海报展示

第 7 章

DM 宣传单设计

学习目标

- 了解 DM 设计的广告分类、设计要求。
- 熟练掌握调整图像色彩与色调的方法。
- 熟悉特殊的颜色处理技巧。

7.1 DM 设计简介

DM（Direct Mail Advertising，直接邮寄广告）即通过邮寄、赠送等形式，将宣传品送到消费者手中、家里或公司所在地，是超市最重要的促销方式之一，也是门店开业、企业宣传、产品促销宣传的重要促销手段，常见形式有商品目录、说明书、价目表、明信片、宣传小册子、招贴画、企业刊物、样品、征订单等。最常见的有三折页，典型的三折页 DM 宣传单如图 7-1 所示。

图 7-1　常见折页 DM 宣传单

7.1.1 常见 DM 广告分类

1. 按内容和形式分

（1）优惠赠券。当开展促销活动时，为吸引广大消费者参加而附有优惠条件和措施的赠券。

（2）样品目录。零售企业可将经营的各类商品的样品、照片、商标、内容详尽地进行介绍。

（3）单张海报。企业精心设计和印制的宣传企业形象、商品、劳务等内容的单张海报。

2. 按传递方式分

（1）报刊夹页。与报社、杂志编辑或当地邮局合作，将企业广告作为报刊的夹页随报刊投递到读者手中。

（2）根据顾客名录信件寄送。多适用于大宗商品买卖，如从厂家到零售商，或从批发商到零售商。

（3）雇用人员派送。企业雇用人员，按要求直接向潜在的目标顾客本人或其住宅、单位派送 DM 杂志。

7.1.2 DM 广告设计要求

DM 广告的设计有其自身的设计原则，它不能像招贴设计得那样艺术，不能像普通 DM 单页设计得那样独立，也不能像传统报纸那样"直线＋方块"过于单调。DM 广告各自传达出不同的广告信息，各部分相对独立却又相互依靠。

1.DM 广告设计原则

1）引人注目的封面"诱翻原则"

封面是 DM 报纸的眼睛，不能太花哨，也不能过分素净，要做到有吸引力，能让每一位擦肩而过的路人产生翻一翻的冲动。除了吸引受众外，封面还应该起到自我介绍的作用，让客户看了封面就明白基本的内容。

2）页面干净的"好找原则"

DM 广告的主要职责就是传达广告信息，为人们的生活提供便利服务，内容涉及人们生活的各个领域。为了方便受众查找与之相关的生活信息，整个版面必须干净整洁。

3）内容丰富的"可读性原则"

DM 广告是长期行为，应该让受众产生需求心理，有好感。设计师要想方设法扩大版面量，在满足客户广告需求的基础上增加辅助内容，如笑话、脑筋急转弯、智力题、猜谜等，既提供广告信息，又为人们的生活增添喜悦。

2.DM 广告常用尺寸大小要求

大部分 DM 广告单都使用 A4 纸，大型超市促销或者商店开业很多会使用 A3 纸。

A4 纸张一般选用 105g、128g 铜版纸，也有选用 100g 有光纸或 80g 双胶纸的。

　　DM 广告设计时要注意印刷尺寸和普通打印尺寸是不一样的。A4 的印刷成品展开尺寸是 210mm×285mm，新建文档时要加上出血尺寸，二折页在 Photoshop 里面制作的时候尺寸是 214（216）mm×289（291）mm。出血线可以设置 2mm，也可以设置 3mm。

　　常规的三折页的 DM 使用 A3 和 A4 纸，也就是大度纸张的八开和十六开。按照常规的折叠方式，把比较长的一边折叠成三等份。三折页的设计尺寸是在成品展开尺寸的四周加上 3mm 出血位，A4 三折页的设计尺寸和印刷尺寸均是 216mm×291mm，印刷成品展开尺寸是 210mm×285mm，折叠后的成品尺寸是 210mm×95mm；A3 三折页的设计尺寸和印刷尺寸均是 426mm×291mm，印刷成品的展开尺寸是 420mm×285mm，折叠后的成品尺寸是 140mm×285mm。考虑到要折起来，285mm×210mm 尺寸设计的时候要考虑到前面和后面部分宽度稍微宽一点，如图 7-2 所示。

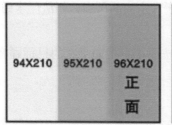

图 7-2　285mm×210mm 尺寸三折页折叠后的成品尺寸图

　　新建文档，参数设置如图 7-3 所示，宽度和高度都分别预留 3mm 的出血位。出血位的意思是不能有内容放在里面，因为排版裁剪的时候会裁掉。

图 7-3　标准的三折页宣传单文档设置

7.2 优秀案例赏析

如图 7-4 所示为 DM 宣传单案例。

图 7-4　DM 宣传单案例

7.3 项目一：房地产宣传 DM 宣传单

7.3.1 项目背景分析

1. 项目背景

某房地产公司开发了湖畔别墅项目，需要对该项目进行前期的推广宣传，让更多的用户了解楼盘信息，了解楼盘未来规划，吸引更多的用户来现场咨询。在宣传推广过程中，DM 宣传单是非常重要的一种推广方式。

2. 制作思路

（1）制作房地产 DM 宣传单正面：首先确定主体色调，其次设计版面，选择素材文件，处理素材图片，本案例通过色彩平衡、色相/饱和度、曲线、色阶等对素材图片进行处理，以符合整体设计的需要。

（2）添加文字内容：根据需要依次输入文字，并调整文字大小。

（3）制作房地产 DM 宣传单背面：主体色调与正面相呼应，选用正面前景色为反面背景色，内容展示丰富，排版相对紧凑。

（4）添加文字内容：根据需要输入标题文字、段落文字，并调整文字大小，通过渐变叠加突出重要的文字内容。

3. 所用工具及知识点

色彩平衡、色相/饱和度、曲线、色阶、亮度/对比度、渐变映射、阴影/高光、图层蒙版等。

4. 案例展示

在 Photoshop 中创作的房地产 DM 宣传单，如图 7-5 所示。

7.3.2 项目实现

第 01 步：新建文件。按 Ctrl+N 组合键，在弹出的"新建文档"对话框中，设置宽度为 210 毫米，高度为 285 毫米，分辨率为 300 像素/

房地产宣传单背面 .mp4

英寸，颜色模式为"CMYK 颜色，8 位"，如图 7-6 所示。

图 7-5　DM 宣传单展示

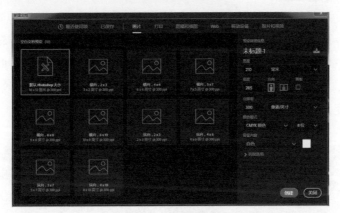

图 7-6　新建文件

第 02 步：设置出血。执行"视图"→"新建参考线"命令，设置 2 ～ 3mm 出血，如图 7-7 所示。

图 7-7　设置出血

第 03 步：设置背景。设置前景色为 #fbea9a，背景色为 #520408，渐变填充背景，如图 7-8 所示。

图 7-8　设置背景

第 04 步：添加角纹图片素材。打开素材文件"角纹.psd"，将其拖到文件中，先按 Ctrl+T 组合键，再按 Ctrl+Shift 组合键等比例缩放素材到合适大小，旋转合适角度，移动到适当位置，将图层命名为"角纹"。执行"图像"→"调整"→"曲线"命令或按 Ctrl+M 组合键，在弹出的对话框中进行设置，如图 7-9 所示。复制角纹图片素材三次，旋转到合适角度，移动到适当位置，如图 7-10 所示。

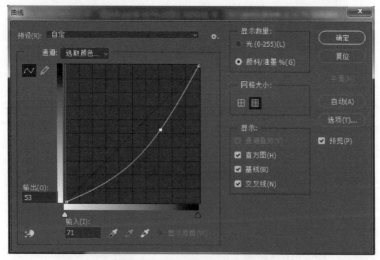

图 7-9　添加房地产图片素材

第 05 步：绘制矩形框。选中"矩形工具"，选择"形状"属性，设置填充颜色为无，描边颜色为 #fbea9a，描边粗细为 5.46px，绘制矩形框后背景图效果如图 7-11 所示。

图 7-10　添加角纹后背景图　　　　图 7-11　绘制矩形框后背景图效果

第 06 步：添加楼盘图片素材。打开素材文件"楼盘 .jpg"，将其拖到文件中，按 Ctrl+T 组合键，等比例缩放素材到合适大小，移动到适当位置，将图层命名为"楼盘"，如图 7-12 所示。

图 7-12　添加楼盘图片素材

第 07 步：调整楼盘图片素材的色彩平衡。执行"图像"→"调整"→"色彩平衡"命令或按 Ctrl+B 组合键，在弹出的对话框中进行设置，如图 7-13 所示。选中高光部分，对高光色彩平衡进行设置，如图 7-14 所示。选中阴影，对阴影色彩平衡进行设置，如图 7-15 所示，调整色彩平衡后效果图如图 7-16 所示。

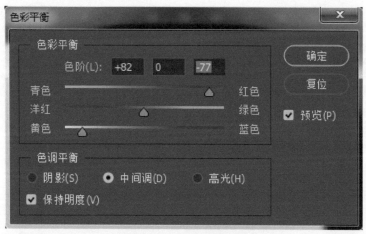

图 7-13　调整色彩平衡

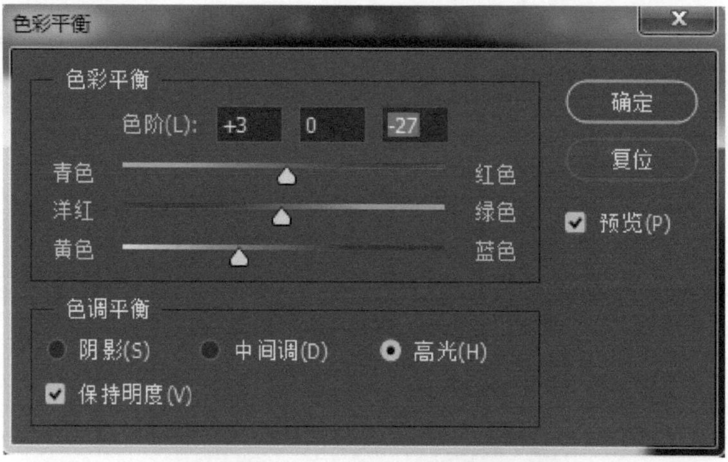

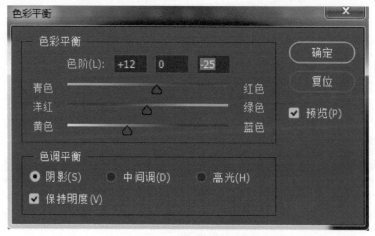

图 7-14　高光色彩平衡设置

图 7-15　阴影色彩平衡设置

图 7-16 调整色彩平衡后的楼盘图片素材

第 08 步：添加图层蒙版。选中"楼盘"图层，单击"图层"面板中的"添加图层蒙版"命令，选择"画笔工具"，设置画笔大小为 600px，硬度为 14%，在楼盘天空处反复涂抹，隐藏蓝色的天空，如图 7-17 所示。

图 7-17 添加图层蒙版

第 09 步：调整楼盘图片色相/饱和度。执行"图像"→"调整"→"色相/饱和度"

命令或按 Ctrl+U 组合键，在弹出的对话框中进行设置，如图 7-18 所示。

图 7-18　色相 / 饱和度参数设置

第 10 步：减淡背景图片。选择"减淡工具"，设置大小为 1484px，硬度为 0%，范围为中间调，曝光度为 50%，在楼盘图片与背景衔接处多次单击，如图 7-19 所示。

图 7-19　减淡背景与楼盘图片衔接处

第 11 步：调整背景图片色相/饱和度。执行"图像"→"调整"→"色相/饱和度"命令或按 Ctrl+U 组合键，在弹出的对话框中进行设置，如图 7-20 所示。

第 12 步：输入文字。单击"横排文字工具"，在图像中输入文字"湖畔别墅，闹中取静"。在"字符"面板中，设置字体为"叶友根毛笔"，大小为 60，颜色为 #fbea9a。

单击"横排文字工具"，在图像中输入文字"至尊无上，不一样的居住，不一样的感受"。在"字符"面板中，设置字体为"华文中宋"，大小为 24，效果如图 7-21 所示。

图 7-20　色相 / 饱和度参数设置

图 7-21　输入文字

第 13 步： 添加电话图片素材。打开素材文件"电话 .png"，将其拖到文件中，先按 Ctrl+T 组合键，再按 Ctrl+ Shift 组合键等比例缩放素材到合适大小，移动到适当位置，将图层命名为"电话"。执行"图像"→"调整"→"渐变映射"命令，在弹出的对话框中选择"反向"复选框，如图 7-22 所示。

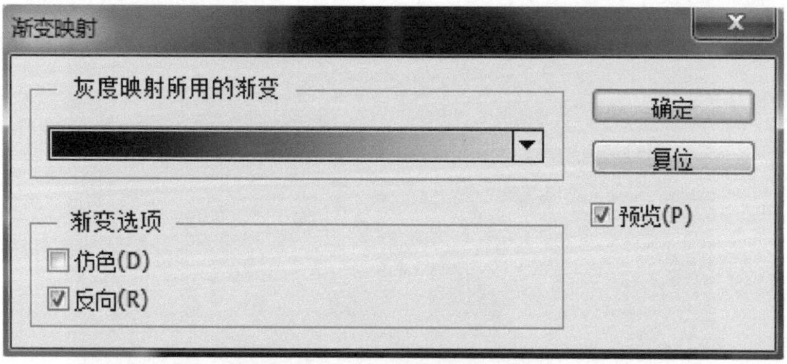

图 7-22　渐变映射设置

第 14 步：输入文字。单击"横排文字工具"，在图像中输入文字"0000""VIP LINE"。在"字符"面板中，设置字体为"华文中宋"，大小为 24，颜色为 #520408，输入文字"88888888"。设置字体为"方正粗黑宋简体"，大小为 36，输入文字"9999999"，宣传单正面效果图如图 7-23 所示。

图 7-23　宣传单正面效果图

第 15 步：正面素材编组。选中背景、角纹、角纹拷贝 1、角纹拷贝 2、角纹拷贝 3、矩形，按 Ctrl+G 组合键，将正面素材背景编组，并命名为"正面背景"，复制"正面背景"组，生成"正面背景拷贝"，拖至"图层"面板的顶部。选中"正面背景"组及其他图层，按 Ctrl+G 组合键，将正面素材编组，并命名为"正面"，如图 7-24 所示。

房地产宣传单正面 .mp4

图 7-24　正面素材编组

第 16 步：背面背景设置。修改"正面背景拷贝"组名，命名为"背面背景"，选中"背面背景"组中的"背景"图层，设置前景色为 #ebe9ac，按 Alt+Delete 组合键填充，如图 7-25 所示。

图 7-25　背面背景

第 17 步： 输入文字。单击"横排文字工具"，在图像中输入文字"湖畔别墅"。在选项栏中设置字体为"造字工坊毅黑（非商用）"，大小为 60 点，颜色为 #520408，按住 Alt 键，按向右箭头键调整字间距。并为文字添加"渐变叠加"样式，渐变颜色设置为 #d2e06c 到 #50080d。单击"横排文字工具"，在图像中输入文字"并非世外，闹中取静，独拥城中央，一墅揽天下"。在选项栏中设置字体为"造字工坊毅黑（非商用）"，大小为 26 点，颜色为 #520408，并为文字添加"渐变叠加"样式，渐变颜色设置为 #d2e06c 到 #50080d。效果如图 7-26 所示。

图 7-26　输入文字

第 18 步： 添加图 1- 素材。打开素材文件"图 1.jpg"，将其拖到文件中，按 Ctrl+T 组合键，等比例缩放素材到合适大小，移动到适当位置，将图层命名为"图 1"。执行"图像"→"调整"→"色阶"命令或按 Ctrl+L 组合键，在弹出的对话框中进行设置，如图 7-27 所示。添加图 1 效果图如图 7-28 所示。

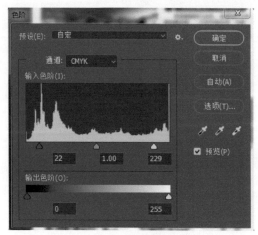

图 7-27　色阶参数设置

图 7-28　添加图 1

第 19 步: 绘制矩形。单击"矩形工具",选择"形状"属性,填充颜色为 #520408,描边颜色设置为无,在合适位置绘制矩形。单击"直接选择工具",选中右下角锚点,移到左边相应位置,添加图层蒙版,选择"矩形选择工具",在合适位置绘制一定大小矩形,按 Alt+Delete 组合键删除,矩形效果图如图 7-29 所示。

第 20 步: 输入文字。单击"横排文字工具",在图像中输入文字"绝版地带,升值无限"。在选项栏中设置字体为"华文中宋",大小为 18 点,颜色为 #ebe9ac,再移动到合适位置。输入段落文字,设置字体为"华文中宋",大小为 13 点,颜色为黑色,再移动到合适位置,如图 7-30 所示。

图 7-29　绘制矩形

图 7-30　输入文字

第 21 步: 绝版地带,升值无限模块编组。选中图 1、矩形 2、绝版地带、升值无限、段落文字图层,按 Ctrl+G 组合键,完成编组,并命名为"绝版地带,升值无"。

第 22 步: 复制"绝版地带,升值无限"组。复制"绝版地带,升值无限"组,重命名为"完善配套,繁华中心",删除图片 1。打开素材文件"图片 2.jpg",将其拖到文件中,按 Ctrl+T 组合键等比例缩放素材到合适大小,再移动到适当位置,将图层命名为"图 2"。执行"图像"→"调整"→"阴影 / 高光"命令,在弹出的对话框中进行设置,如图 7-31 所示。更改排版,修改文字内容,效果图如图 7-32 所示。

图 7-31　阴影 / 高光参数设置

图 7-32　加入"完善配套，繁华中心"模块

第 23 步： 复制"绝版地带，升值无限"组。复制"绝版地带，升值无限"组，重命名为"钻酷旺铺，价值中心"，删除图片 1。打开素材文件"图片 3.jpg""图片 4.jpg"，将它们拖到文件中，按 Ctrl+T 组合键等比例缩放素材到合适大小，再移动到适当位置，将图层命名为"图 3""图 4"。更改排版，修改文字内容，效果图如图 7-33 所示。

图 7-33　加入"钻酷旺铺，价值中心"模块

第 24 步：添加文字。单击"横排文字工具"，在图像上输入文字"私藏山水，心观天下"，在选项栏中设置字体为"方正粗黑宋简体"，大小为 36 点，颜色为 #50080d，添加渐变叠加图层样式，渐变颜色设置为 #d2e06c 到 #50080d 或按住 Alt 键，拖动湖畔别墅 fx 至当前文字图层，如图 7-34 所示。

图 7-34　添加文字

第 25 步：添加图 5、图 6 素材。打开素材文件"图 5.jpg""图 6.jpg"，将它们拖到文件中，按 Ctrl+T 组合键等比例缩放素材到合适大小，再移动到适当位置，将图层命名为"图 5""图 6"，如图 7-35 所示。

图 7-35　添加图 5、图 6

第 26 步：输入文字。单击"竖排文字工具"，在图像上输入文字，在选项栏中设置字体为"华文中宋"，大小为 18 点，颜色为黑色，最终背面效果图如图 7–36 所示。按住 Shift 键，选择所有背面宣传单图层，按 Ctrl+G 组合键建组，命名为"背面"，拖动改变组位置，如图 7–37 所示。

图 7–36　背面效果图

图 7–37　改变组位置

7.4 项目二：幼儿园招生 DM 宣传单

7.4.1 项目背景分析

1. 项目背景

某幼儿教育集团为其旗下幼儿园制作招生宣传 DM，方便适龄儿童选择，在宣传过程中侧重对幼儿园教育理念及课程设置的宣传。

2. 制作思路

（1）制作幼儿园 DM 宣传单外页。外页简洁明了，以代表蓬勃生机的绿色调为主，选择素材文件，处理素材图片。本案例通过色彩平衡、渐变映射、曲线、色阶等对素材图片进行处理，以符合整体设计的需要。

（2）制作幼儿园 DM 宣传单内页。展现幼儿园优势，通过图片和文字展示，内容展示丰富，排版相对紧凑，背景采用白色。

3. 所用工具及知识点

渐变映射、可选颜色、曲线、照片滤镜、色调分离等调整图层应用。

4. 案例展示

在 Photoshop 中创作的幼儿园招生 DM 宣传单外页和内页，如图 7-38 所示。

图 7-38　DM 宣传单展示

图 7-38　DM 宣传单展示（续）

7.4.2　项目实现

幼儿园招生宣传
单外页 .mp4

第 01 步： 新建文件。按 Ctrl+N 组合键，在弹出的"新建文档"对话框中，设置宽度为 291 毫米，高度为 216 毫米，分辨率为 300 像素 / 英寸，颜色模式为"CMYK 颜色，8 位"，如图 7-39 所示。

图 7-39　新建文件

第 02 步： 设置出血。执行"视图"→"新建参考线"命令，取向选择"水平"，位置输入"0.3 厘米"。执行"视图"→"新建参考线"命令，取向选择"水平"，位置输入"21.3 厘米"，设置水平方向"3 毫米出血"。执行"视图"→"新建参考线"命令，取向选择"垂直"，位置输入"0.3 厘米"。执行"视图"→"新建参考线"命令，取向选择"垂直"，位置输入"28.8 厘米"，设置垂直方向"3 毫米出血"。执行"视

图"→"新建参考线"命令，取向选择"垂直"，位置输入"14.55 厘米"，设置折页参
考线，如图 7-40 所示。

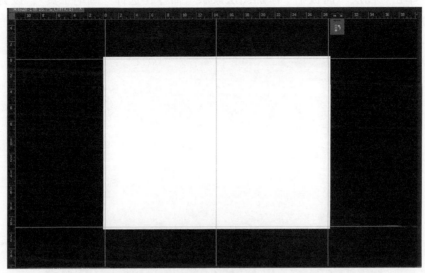

图 7-40　设置出血

第 03 步：设置外页。打开素材文件"背景 .jpg"，将其拖到文件中，按 Ctrl+T 组
合键等比例缩放素材到合适大小，移动到适当位置，将图层命名为"背景层"。

第 04 步：创建调整图层。单击"图层"面板中"创建调整图层"→"曲线"，添加
"曲线"调整图层，单击"图层"面板中"创建调整图层"→"色彩平衡"，添加"色彩
平衡"调整图层，具体参数设置如图 7-41 所示。

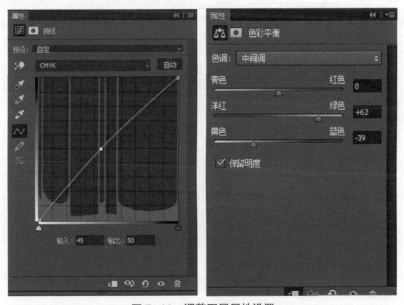

图 7-41　调整图层属性设置

第 05 步：添加彩虹素材。打开素材文件"彩虹 .jpg"，将其拖到文件中，按 Ctrl+T 组合键等比例缩放素材到合适大小，旋转合适角度，再移动到适当位置，将图层命名为"彩虹"，单击"图层"面板中"添加图层蒙版"命令，选择"画笔工具"，设置画笔大小为 600px，硬度为 20%，反复涂抹，只保留所需要的彩虹，如图 7-42 所示。

图 7-42　添加彩虹图片素材

第 06 步：添加近处灌木素材。打开素材文件"灌木 .png"，将其拖到文件中，按 Ctrl+T 组合键等比例缩放素材到合适大小，再移动到适当位置，将图层命名为"灌木"。单击"图层"面板中的"创建调整图层"→"渐变映射"，添加"渐变映射"调整图层，设置渐变颜色为 #05381d、#b8d55e，单击"图层"面板中的"创建调整图层"→"色彩平衡"，添加"色彩平衡"调整图层，具体参数设置如图 7-43 所示。单击"图层"面板中的"创建调整图层"→"曲线"，添加"曲线"调整图层，具体参数设置如图 7-44 所示。

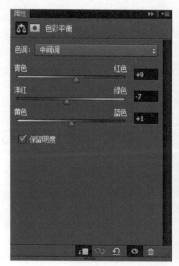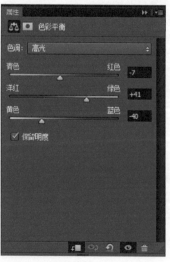

图 7-43　色彩平衡调整图层参数设置

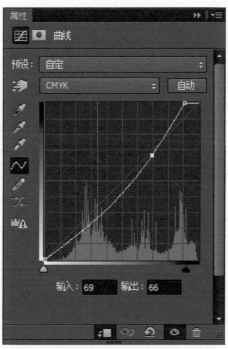

图 7-44　曲线参数设置

第 07 步：添加文字、人物素材图片。打开素材文件"幼儿招生全面启动 .png""幼儿素材 .jpg"，将其拖到文件中，按 Ctrl+T 组合键等比例缩放素材到合适大小，移动到适当位置，将图层命名为"幼儿招生全面启动""幼儿素材"，效果图如图 7-45 所示。

图 7-45　外页效果图

第 08 步：编组。按 Ctrl 键，选中相应图层，再按 Ctrl+G 组合键新建组，将组命名为"外页"。

第 09 步：设置内页 1 背景。打开素材文件"内页背景 .jpg"，将其拖到文件中，按 Ctrl+T 组合键等比例缩放素材到合适大小，再移动到适当位置，将图层命名为"内页背景"。单击"图层"面板中的"添加图层蒙版"命令，选择"画笔工具"，设置画笔大小为 600px，硬度为 20%，反复涂抹，只保留所需的部分，如图 7-46 所示。单击"图层"面板中的"创建调整图层"→"照片滤镜"，添加"照片滤镜"调整图层，具体参数设置如图 7-47 所示。选择"画笔工具"，设置画笔大小为 600px，硬度为 20%，在适当位置单击绘制，内页背景效果图如图 7-48 所示。

内页 1.mp4

图 7-46　内页背景设置

图 7-47　照片滤镜调整图层参数设置

图 7-48　内页背景效果图

第 10 步：添加幼儿园内部环境图片。选择"椭圆工具"，设置描边为"无"，填充颜色为 #aecad8，按 Shift 键，绘制正圆。打开素材文件"幼儿园内部环境 .jpg"，将其拖到文件中，按 Ctrl+T 组合键等比例缩放素材到合适大小，再移动到适当位置，将图层命名为"幼儿园内部环境"，创建剪贴蒙版，如图 7-49 所示。

第 11 步：添加路径文字。选择"椭圆 1"路径，单击"横排文字工具"，输入文字"让您的孩子享受成长的快乐"。在"字符"面板中，设置字体为"华文行楷"，大小为 18，颜色为 #76b557，选择"路径选择工具"，设置路径文字的起点、终点，效果图如图 7-50 所示。

图 7-49　添加内部环境素材　　　　图 7-50　添加路径文字

第 12 步：输入文字。单击"横排文字工具"，输入文字"关于我们"。在"字符"面板中，设置字体为"华文行楷"，大小为 36，颜色为 #484644。单击"横排文字工具"，输入段落文字"学院幼儿园是……"，在"字符"面板中，设置字体为"华文仿宋"，大小为 12 点，颜色为 #60605c。输入文字"报名电话：0579-88888888""地址：江东街道学院路 2 号"，在"字符"面板中，设置字体为"华文仿宋"，大小为 18 点，颜色为 #484644，如图 7-51 所示。

第 13 步：添加欢迎小朋友图片素材。打开素材文件"欢迎小朋友 .jpg"，将其拖到文件中，按 Ctrl+T 组合键等比例缩放素材到合适大小，再移动到适当位置，将图层命名为"欢迎小朋友"。单击"图层"面板中的"添加图层

图 7-51　输入文字

蒙版"命令，选择"魔棒选择工具"，选择图片背景，设置为黑色，隐藏背景，效果图如图 7-52 所示。按 Ctrl 键，选中相应图层，按 Ctrl+G 组合键新建组，将组命名为"内页 1"。

内页 2.mp4

第 14 步： 添加内页 2 文字。单击"横排文字工具"，在图像中输入文字"学院课程"，在"字符"面板中，设置字体为"微软雅黑"，大小为 24 点，颜色为 #484644。输入文字"COLLEGE COURSE"，设置字体为"仿宋"，大小为 16 点。输入文字"全球领先的幼教课程"，在"字符"面板中，设置字体为"华文中宋"，大小为 13 点，颜色为 #231815。输入段落文字"学院音乐课程是学院幼儿……"，设置字体为"宋体"，大小为 9 点，颜色为 #23185。添加后效果图如图 7-53 所示。

图 7-52　内页 1 效果图

第 15 步： 制作故事分享模块。打开素材文件"故事分享 .jpg"，将其拖到文件中，按 Ctrl+T 组合键，等比例缩放素材到合适大小，再移动到适当位置，将图层命名为"故事分享"。单击"横排文字工具"，在图像中输入文字"故事课程 Story lessons 为每一个孩子奠定成功人生的第一步"。在选项栏中设置字体为"微软雅黑"，颜色为 #231815，设置"故事课程 Story lessons"字体大小为 11 点，"为每一个孩子奠定成功人生的第一步"字体大小为 9 点，选择故事分享图片和文字图层，按 Ctrl+G 组合键，新建组，将组命名为"故事分享"。

图 7-53　添加元素内页 2

第 16 步：制作其他模块。复制"故事分享"组，将组名重命名为"音乐"，展开"音乐"组，删除"故事分享"图层，打开素材文件"音乐 .jpg"，将其拖到文件中，按 Ctrl+T 组合键，等比例缩放素材到合适大小，再移动到适当位置，将图层命名为"音乐"，从文字素材中复制粘贴文字内容。用同样的方法制作"外语学习""文体项目""艺术""厨趣"组。

第 17 步：水体项目调整图层设置。选中"水体项目"图层，单击"图层"面板中的"创建调整图层"→"可选颜色"，添加"可选颜色"调整图层，颜色选择"蓝色"，具体参数设置如图 7-54 所示。

第 18 步：添加分割线。选择"直线绘制工具"，描边颜色设置为 # 070606，描边选项选择"虚线"，描边宽度设置为 4.28 点，按 Shift 键绘制分割线，移动到适当位置，将图层命名为"形状 1"。复制"形状 1"图层，再移动到适当位置。绘制形状 2，参数设置同形状 1，再移动到适当位置，效果图如图 7-55 所示。

图 7-54　可选颜色参数设置

图 7-55　内页 2 效果图

第 19 步：编组。按 Ctrl 键，选中相应图层，按 Ctrl+G 组合键新建组，将组命名为"内页 2"。

7.5 拓展项目：餐厅开业三折页 DM 宣传单

设计如图 7-56 和图 7-57 所示餐厅开业三折页 DM 宣传单。

图 7-56　餐厅开业三折页 DM 宣传单正面效果图

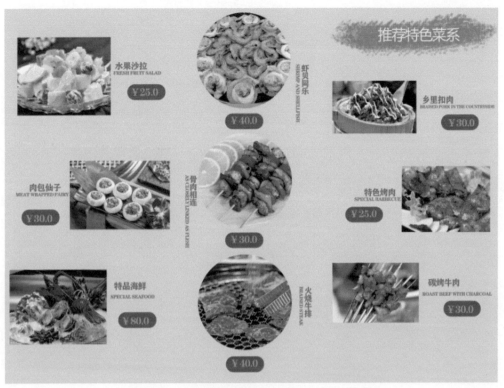

图 7-57　餐厅开业三折页 DM 宣传单内页效果图

反侵权盗版声明

　　电子工业出版社依法对本作品享有专有出版权。任何未经权利人书面许可，复制、销售或通过信息网络传播本作品的行为，歪曲、篡改、剽窃本作品的行为，均违反《中华人民共和国著作权法》，其行为人应承担相应的民事责任和行政责任，构成犯罪的，将被依法追究刑事责任。

　　为了维护市场秩序，保护权利人的合法权益，我社将依法查处和打击侵权盗版的单位和个人。欢迎社会各界人士积极举报侵权盗版行为，本社将奖励举报有功人员，并保证举报人的信息不被泄露。

举报电话：（010）88254396；（010）88258888

传　　真：（010）88254397

E-mail：　　dbqq@phei.com.cn

通信地址：北京市海淀区万寿路 173 信箱
　　　　　电子工业出版社总编办公室

邮　　编：100036